全球变暖下青藏高原河湖系统建模及演变分析方法

叶　松　闫　飞　张秋文　著

华中科技大学出版社
中国·武汉

图书在版编目(CIP)数据

全球变暖下青藏高原河湖系统建模及演变分析方法 / 叶松，闫飞，张秋文著. -- 武汉 ：华中科技大学出版社，2024. 11. -- ISBN 978-7-5772-1360-6

Ⅰ. P343. 3

中国国家版本馆 CIP 数据核字第 2024MR7742 号

全球变暖下青藏高原河湖系统建模及演变分析方法

Quanqiu Biannuan xia Qingzang Gaoyuan Hehu Xitong Jianmo ji Yanbian Fenxi Fangfa

叶　松　闫　飞　张秋文　著

策划编辑：谢燕群
责任编辑：谢燕群
封面设计：原色设计
责任校对：陈元玉
责任监印：周治超
出版发行：华中科技大学出版社(中国·武汉)　　电话：(027)81321913
　　　　　武汉市东湖新技术开发区华工科技园　邮编：430223
录　　排：武汉市洪山区佳年华文印部
印　　刷：武汉市洪林印务有限公司
开　　本：710mm×1000mm　1/16
印　　张：9. 5
字　　数：180 千字
版　　次：2024 年 11 月第 1 版第 1 次印刷
定　　价：39. 80 元

前　言

青藏高原河湖系统是一个受诸多因素影响的复杂多变系统，它由内流区湖泊子系统和外流区河网水系子系统组成。受全球气候变暖影响，青藏高原冰雪冻土逐渐融化，内流区湖泊因水量增加而连通，甚至漫溢溃决后向外流区演进，导致河湖系统发生显著改变，给素有"亚洲水塔"之称的青藏高原水文水资源安全及生态环境屏障带来巨大挑战。本书通过多学科综合交叉，对全球变暖背景下青藏高原河湖系统建模及演变分析方法进行研究，为监测和预警青藏高原水文、水资源及水灾害，并制定有针对性的应对措施提供科学理论与指导依据。

本书研究工作和取得的成果如下：

(1) 提出了基于空天地水的青藏高原DEM协同方法：建立了面向青藏高原特殊地理环境并集成了卫星遥感、UAV-SFM、地面实测和船载水深测量等的多维协同体系；采用GNSS星站差分技术构建了统一地理空间基准；实现了空天地水多源DEM数据的融合，扩大了数据覆盖范围，提升了高程精度和空间分辨率，为青藏高原河湖系统建模与演变分析提供了一种有效的地形地貌数据获取方法。

(2) 提出了基于数学形态学的青藏高原内流区湖泊水文连通性建模方法：基于区域增长算法提取内流区湖泊，采用标记控制的分水岭分割方法建立湖泊分水线，计算相邻分水线的最小溢出点高程建立漫溢邻接矩阵，利用改进Priority-flood搜索算法构建湖泊漫溢级联模型，通过森林结构图实现建模结果的可视化。构建的青藏高原内流区融合型湖泊和瀑布型湖泊等漫溢级联模型，从地形特征上阐明并揭示了全球变暖下内流区湖泊的水文连通性演变特征，分析了突变和早期信号，为青藏高原内流区湖泊水文连通性建模与分析提供了一种数据结构简单、算法高效、易于编程实现、可视化程度高的新方法。

(3) 提出了基于DEM+先验知识的青藏高原外流区河网水系提取方法：针对D8算法在平坦地形条件下容易出现迷失水流方向问题，将水文地貌特征信息作为先验知识进行辅助引导，从概念模型及其相应的数学建模与实现方法建立了集成DEM与先验知识的数字高程扩展模型DXM(Digital elevation-eXtended Model)，提出了基于DXM的河网水系提取方法。青藏高原外流区可可西里河网水系提取实验表明，这种"DEM+先验知识"模式的DXM，利用水文地貌先验知识对 DEM 进行了扩展，能够在高程追踪失去作用时及时发挥对水流方向的引导作用，为平坦地区河网水系的高质量提取提供了一种简单、高效、实用的新方法。

（4）模拟分析了青藏高原内流区湖泊漫溢溃决外流演变特征：根据湖泊级联结构模型，评估了全球变暖下青藏高原内流区湖泊的漫溢溃决外流可能性，分析了盐湖的潜在溢出点，模拟了盐湖发生漫溢溃决后洪水的外流演进过程，较好地预测了盐湖外溢给下游青藏铁路等重大工程带来的威胁，为制定应对保护措施提供了科学依据。

目　　录

1 绪　　论

1.1 研究背景与意义

1.1.1 青藏高原内流区湖泊群的重要性

青藏高原平均海拔超过 4 000 m,被称为“世界屋脊”“地球第三极”。青藏高原的隆起和抬升,形成了独特的自然环境,导致亚洲干旱地带北移和植被地带不对称分布,对中国、亚洲乃至全球的气候都有深刻的影响。青藏高原是全球气候变暖最强烈的地区,也是未来全球气候变化影响不确定性最大的地区,一直是全球科学家研究的热点区域。

湖泊是地表特殊的自然综合体,是陆地水圈的重要组成部分[1],也是主要的国土资源。天然湖泊在地球表面是仅次于冰川的蓄水体系,它不仅参与自然界的水分循环,而且是流域陆源物质的储存库。青藏高原总面积为 3×10^6 km^2,由 12 个大河流域组成[2,3]。青藏高原拥有海拔最高、数量最多、面积最大的高原湖泊群,是我国湖泊分布密度最大的两大区之一,也是亚洲 10 多条大江大河如长江、黄河、怒江、澜沧江、雅鲁藏布江、印度河、恒河等的发源地[4]。据最新统计数据[2,3,5],2021 年青藏高原面积大于 1 km^2 的湖泊数量为1 372 个,总面积约 50 174 km^2,占全国湖泊总面积的 50%以上。其中,内流区面积为 7.08×10^5 km^2,拥有超过 66% 的高原湖泊总面积(34 956 km^2)和 55% 的湖泊总数(830)[6],在维持亚洲水塔的水量平衡方面起着至关重要的作用。青藏高原是我国淡水资源的重要补给地,其特殊的地理位置、丰富的自然资源,成为我国重要生态安全屏障和战略资源储备基地。

青藏高原湖泊是构造运动和气候水文因子共同作用的产物[7],其形成及演化过程对研究青藏高原地质地貌具有非常重要的指导作用。青藏高原地处偏远且环境恶劣,大多数湖泊仍然保持或接近自然状态,它们的变化受人类活动的影响较小,可以反映区域气候和环境变化。因此,青藏高原湖泊群的萎缩或扩张的变化规律能够较准确地反映区域气候与水文变化的态势,是揭示全球气候变化与区域响应的重要信息载体,对研究全球气候变化背景下区域环境变迁具有重要意义[8]。

综上所述,青藏高原内流区湖泊群是亚洲水塔的核心组成部分,对气候变化呈现敏感响应[9]，是揭示湖区水文水资源变化规律的指示器。因此，研究青藏高原内流区湖泊群的演变规律，有助于提高对青藏高原水文水资源系统的科学认知。

1.1.2 全球变暖对青藏高原内流区湖泊系统的影响

青藏高原在全球气候变化中扮演着重要角色，是气候敏感和脆弱的区域。在全球气候变暖和人类活动影响下，20 世纪中期以来青藏高原地区温度升高现象十分明显，年平均气温增速超过同期全球的两倍。气候变化对青藏高原地区造成的影响也日趋显著，主要表现如下。

(1) 冰川退缩。全球气候变暖使得青藏高原冰川面积年均减少 131.4 km^2，且冰川消融呈现加速状态。

(2) 永久冻土退化。在过去 30 年里，青藏高原的冻土减少了 18.6%。

青藏高原内流区湖泊的湖盆是封闭而不外泄通海，湖泊的演变直观表现为面积的变化[10]。冰雪融水和冻土消融使青藏高原内流区湖泊水量得到大量的补给，湖泊水位不断上升，水域面积不断增大，导致周边区域被淹没，造成湖泊系统的变化。另外，全球气温升高加剧了湖面蒸发，对于只靠降雨和地下水补充的湖泊，其水位降低、水面缩减而导致湖泊萎缩，也严重影响着湖区水文系统。因此，气候变化对青藏高原湖泊水文系统具有非常大的影响。遥感监测显示，青藏高原内流区湖泊群演化有以下特征。

1. 新生湖泊数量增加，湖泊面积扩大

近 50 年青藏高原内流区大于 1 km^2 的湖泊数量和总面积统计结果如图 1-1 所示。由图可见，内流区湖泊数量明显增多且总面积增大。这表明随着青藏高原快速升温，不仅产生了大量新生湖泊，而且湖泊面积总体呈显著扩张趋势。此外，青藏高原的湖泊扩张也伴随着水位迅速上升、蓄水量明显增加[10-15]。Yang 等[11]的研究结果表明，从 2009 年到 2014 年，青藏高原内流区的湖泊继续以每年 340.79 km^2 的速度（每年 1.06%）快速扩张，且 2000 年代以来湖泊扩张速度明显加快。

2. 虽然单个湖泊扩张明显，但湖泊萎缩也存在

纳木错(Nam Co)是青藏高原的第三大咸水湖，自 20 世纪 70 年代以来水面面积扩大了 89.92 km^2，蓄水量增加了 97.85×10^8 m^3[16]。色林错(Selin Co)自 20 世纪 90 年代以来水位呈现持续上升趋势，从 2000 年到 2018 年其水位增加了 9.68 m，蓄水量增加了 21.20 km^3[15,17]。昂孜错(Angzi Co)时空变化检测显示，近 20 年来湖泊面积增加了 81.28 km^2，扩张速度明显，约为每年 4.06 km^2；

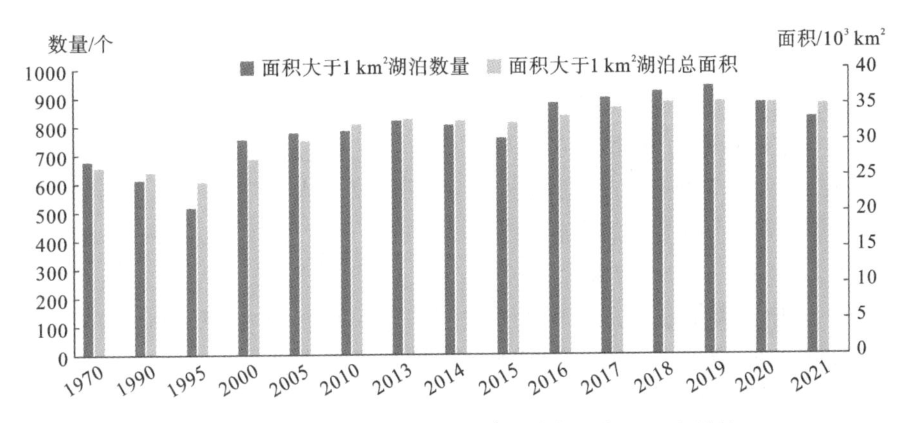

图 1-1 近 50 年青藏高原内流区湖泊数量与总面积统计

水位增加了 5.78 m，呈明显增长趋势，平均增长速度为每年 0.29 m。其中，2017—2018 年期间，水位急剧上升了 1.40 m[18]。其他如扎日纳木错[17]（Zhari-Nam Co）、乌兰乌拉湖[19,20]（Ulan Ula）、可可西里湖[19]等也同样经历着扩张演变。但也存在湖泊萎缩情况，例如卓乃湖在 2011 年 9 月由于湖泊溃决，大量湖水外泄，湖泊面积大幅萎缩[21]。

3. 产生了河湖连通现象

湖泊扩张使得内流区湖泊之间产生水力连接，改变河湖连通性，进而影响地表径流过程。多尔索洞错（Duoersuodong Co）与赤布张错（Chibuzhang Co）在 2006 年前通过河道连接，后来水位上升使得两个湖泊合并形成单一的内流性湖泊系统[22]。可可西里四湖流域的卓乃湖、库赛湖、海丁诺尔、盐湖也因为湖泊扩张相继建立了水力连接[23]。更为极端的情况是内流区湖泊向外流区扩张，使得内流湖可能进一步演变成为外流湖，如盐湖的持续扩张，极大可能建立青藏高原内流区与外流区之间的连接，也是目前唯一的案例。

综上所述，全球气候变暖导致青藏高原内流区湖泊扩张显著，内流区的河湖系统也不断发生变化。因此，研究内流区湖泊系统的演变，有助于深入理解气候变化对湖泊变化的影响程度，从而准确评判未来气候变化条件下的湖泊变化趋势，为分析青藏高原水文水资源的演变过程及产生的影响提供理论依据。

1.1.3 青藏高原内流湖扩张漫溢外流的危害性

在全球环境急剧变化的背景下，冰川退缩、冻土消融等问题严重改变了青藏高原内水资源时空分布特征，破坏了青藏高原地区水资源平衡状态，影响河流和流域栖息地的健康。通过第二次青藏科考发现，青藏高原是全球范围内最脆弱的水塔，正面临着失衡的危险。一是生态环境威胁。内流区湖泊多为咸水湖，湖水矿化度高。冰川的非正常消融，大量淡水涌入咸水湖而稀释高原湖水的含盐度，可能会导致其中的嗜盐微生物的生存环境变得恶劣。二是自然灾害威胁。青藏高原地区地表径流增大、湖泊水位上升等，将会大大增加高原泥石流、山体滑坡、冰湖溃决、冰崩等自然灾害发生的风险及程度，进而严重威胁当地的自然环境、生态环境及基础设施安全。

青藏高原内流区湖泊快速扩张导致周边环境遭到破坏，淹没了道路和居民点，给农牧业生产、工程质量和生命安全等带来重大威胁。其中最为人熟知的是2011年卓乃湖溃决事件，极端降雨事件使卓乃湖水位急剧上升导致东岸发生溃决，大量湖水下泄依次进入库赛湖、海丁诺尔湖和盐湖。作为尾闾湖盐湖，它位于青藏高原内流区东北部，是内流区与外流区毗邻地带。盐湖水位持续上升时，内流区的湖泊水体、能量和物质向外流区输送、迁移，大量的高碱、高矿化度的内流区湖水进入长江流域，可能改变部分外流江段的水体理化环境。而且，内流湖水体中可能含有害物质，也会给外流区带来生态环境问题，只是目前的认知还不清楚。青藏高原是我国非常重要的战略要地，青藏铁路、青藏公路、输油管道以及其他重要基础设施是青藏地区安全和发展的命脉，青藏高原内流区湖泊漫溢、溃决将会对这些基础设施的安全造成严重威胁，一旦被破坏将会带来巨大的经济损失。

青藏高原湖泊扩张以及漫溢风险是科学界、政府管理部门和公众热切关注的问题之一。评估湖泊扩张、漫溢、溃决风险对青藏高原的灾害监测与预警、水资源管理与生态环境保护具有重要的科学意义和决策支持作用。

1.1.4 研究目的与意义

上述分析表明，青藏高原因其特殊的地理位置和丰富的自然资源，素有“世界屋脊”“地球第三极”和“亚洲水塔”之称，是我国重要的生态安全屏障和战略资源储备基地，一直是我国乃至全球科学家关注的热点研究地区。青藏高原河湖水系是一个受诸多因素影响的复杂系统，尤其是近些年来，全球气候变化加剧，极端气候事件频发，青藏高原年平均气温增速超过同期全球的两倍，出现冰川退缩、冻土消融等问题。随之而来，青藏高原降水增加、湖泊扩张以及陆地水储量上升，导致其河湖系统的水文状况发生了显著变化。当前，了解和掌握全球气候变暖背景下青藏高原河湖系统的基本特征及河湖连通的变化趋势，揭示和分析内流湖发生漫溢溃决外流的演变规律及后续影响，是亟待解决的重大科学问题和重大工程需求问题。

本书聚焦地理角度下河湖系统建模问题，从系统分析与集成出发，通过对由内流区湖泊群子系统和外流区河网水系子系统组成的青藏高原河湖系统进行建模、仿真与分析，研究全球变暖下，青藏高原河湖系统的演变特征及其水文、水资源和水灾害影响，分析内流湖之间的水文连通关系，评估内流湖发生漫溢溃决的潜在风险，揭示内流转换为外流的演变规律，预测内流湖漫溢溃决外流对生态环境和社会经济带来的危害，对于提高青藏高原的水资源和水灾害监测与预警能力具有重要理论和实际意义。研究成果不仅对更加科学地认识青藏高原的河湖系统具有重要学术价值，而且可以为减小内流湖漫溢溃决外流对生态环境和重大工程带来的危害提供重要指导。

1.2 国内外研究现状

本书的研究重点是青藏高原河湖系统建模及内流湖漫溢外流分析，涉及的相关方向主要包括青藏高原水文系统研究、DEM 数据采集研究、湖泊网络建模研究、河网水系建模研究、青藏高原湖泊漫溢溃决研究等。下面分别对这些方面的国内外研究进展进行分析。

1.2.1 青藏高原水文系统研究进展

水文系统主要研究水在自然界里的运动、变化过程和分布规律，通常以流域或区域为单元，涉及降雨、蒸散发、地表径流、地下水运动变化及连接地表水和地下水的土壤水状况等。由于青藏高原的特殊地理位置以及其在影响全球气候变化中具有重要作用，因此，青藏高原水文系统一直以来是学者们研究的重点。近年来，围绕青藏高原水文系统的研究主要集中在水文模型与青藏高原河湖系统变化等方面。

水文建模可以定义为通过使用小尺度物理模型、数学模拟和计算机仿真对真实水文特征和系统进行表征[24]。水文模型能够模拟青藏高原自然水循环的一个或多个组成部分内的通量、流量或蓄水量随时间变化的状况。周祖昊等基于水热耦合的青藏高原分布式水文模型对青藏高原的“积雪-土壤-砂砾石层”连续体水热耦合以及冰川和冻土的尼洋河流域水循环过程进行了模拟，深入地研究了青藏高原地区的水文循环过程[25,26]。米玛次仁等[27]利用 HBV 水文模型对青藏高原卡鲁雄曲流域进行了径流预报，结果表明该水文模型在卡鲁雄流域具有较好的适用性。李婉秋等[28]在顾及冰川均衡调整（Glacial Isostatic Adjustment，GIA）效应情况下，利用 Forward-Modeling 模型反演了青藏高原水储量变化，并将结果与全球水评估与预测模型（Water Global Assessment and

Prognosis Hydrology Model，WGHM）进行了比较分析，研究结果对青藏高原区域水储量变化的定量研究具有重要的参考价值。陈曦基于分布式水文模型CREST研究了在气候变化条件下青藏高原南部雅鲁藏布江地区的水文响应机制[29]。周一飞等[30]基于SWIM模型模拟了气候变化对青海湖布哈河流域水文过程的影响，结果表明流域各水文过程及其在不同时期的变化呈现一定的空间差异性。Su等[31]利用CMIP5的20个GCM气候数据，结合大尺度陆面水文模型VIC-glacier预测了长江、黄河、澜沧江等的径流变化。苏凤阁等[6]基于3套大气再分析资料，利用WAM2水汽追踪模型，追踪并量化了高原内流区1979—2015年的水汽来源，研究结果在一定程度上解释了青藏高原内流区降水、湖泊水量和陆地水储量变化的驱动机制，为全面理解气候变化对青藏高原区域水循环、水资源的影响提供参考。

青藏高原地区水文观测稀缺，大量学者借助卫星遥感手段来研究该区水文系统的变化。通过遥感解译获取青藏高原地区典型流域内的湖泊水位、面积、水储量的变化信息，结合实地考察、水文气象站、冰川冻土等资料，探求水文系统与区域气候之间的变化响应关系。李均力与盛永伟[32]、Zhang等[33]研究了青藏高原内流湖在1976—2009年间的变化过程，结果表明湖泊面积和数量都显著增加。杨珂含等[12]利用一种改进的半自动湖泊提取算法结合多时相环境减灾卫星与Landsat系列卫星数据监测了青藏高原内流流域湖泊面积在2009—2014年间的时空变化规律，结果显示该区域整体呈显著扩张状态，快速扩张湖泊主要集中在可可西里地区。李兰基于RS和GIS技术，对青藏高原湖泊的演化进行了研究，提取了青藏高原的湖泊数据，重点研究了1980—2020年青藏高原构造湖、热喀斯特湖和冰川湖的数量、面积和空间变化，分析了湖泊动态变化的驱动力及其生态环境效应[34]。蒋广鑫[35]、卢洁羽[36]分别基于不同方法获取了青藏高原湖泊信息并分析了湖泊变化规律，为青藏高原内流区典型湖泊的研究提供了重要参考数据。Liu等[37]对2000年以来青藏高原内河盆地湖泊的快速扩张进行了研究，并对其潜在的驱动力进行了总结，结果表明降水跟湖泊扩张的关系更为密切。Niu等[38]对青藏高原热岩溶湖泊的特征进行了研究，分析了其对多年冻土的影响，指出热岩溶湖泊的分布与含冰量和多年冻土温度具有密切关系。

总之，青藏高原水文建模以大尺度的水文模型为主，并且由于实测数据稀缺使得水文模型精度难以验证，基于遥感的水文系统的研究主要包括湖泊水面几何形态变化监测、湖泊水储量分析。

1.2.2 DEM数据获取研究进展

数字高程模型（Digital Elevation Model，DEM）的概念由Miller于1985年

提出，是一种基础测绘地理信息数据产品。规则格网DEM又称栅格DEM，具有数据结构简单、便于计算机处理、易与遥感影像进行联合分析等优点，成为数字地形分析和地学系统建模的基础性数据，也是当前应用最广泛的DEM数据格式。

随着现代遥感制图和数字摄影测量技术的发展与革新，DEM数据采集的方式不断进步与普及。从DEM数据采集的技术手段来看，包括直接和间接两种方式。直接方式是指采用各种测量手段来获取数据，如全野外数字化测图[39]、航空航天摄影测量[40]、GPS高程测量[41]、合成孔径雷达干涉测量[42]（InSAR）、激光雷达扫描[43]（LiDAR）、运动恢复结构摄影测量（SFM）、回声水下地形测量[44]等；间接方式是指通过从其他包含地形信息的数据源中提取数据再加工转化，如通过等高线数字化或者多源DEM数据融合加工方式[45]获取等。早期DEM数据采集成本高、周期长并且受到测量区域条件限制。近10年来，DEM数据采集的成本大大降低，获取方式更加便捷。尤其是随着基于计算机视觉理论的SFM测量方法的进步，采用非量测相机和差分GPS像控测量、利用轻小无人机进行快速高效测绘成图是近年来测量手段最为广泛的应用模式[46]。

空间分辨率是栅格DEM数据中每个栅格单元格网的间距大小，是描述地形精细程度的尺度参数。一般地，栅格DEM的格网尺寸越小，DEM数据文件中的信息越详细，DEM数据的精度越高。早期大范围DEM采用已有地形资料进行编译融合，其空间分辨率比较粗糙，通常大于1 km。如1988年5月美国国家海洋与大气管理局（NOAA）发布的全球陆地与海底高程数据集ETOPO5的格网间距约为10 km；1996年，美国地质调查局USGS发布的全球DEM数据集GTOPO30的空间分辨率约为1 km；此后，USGS与美国国家地理空间情报局NGA联合发布了GMTED2010全球DEM数据产品，其空间分辨率从250 m到1 km不等[47]。进入21世纪以后，全球DEM的空间分辨率从从千米级、百米级进步到十米级。得益于合成孔径雷达SAR测量技术的问世，InSAR技术在全球测图中具有高效性和便捷性。2000年2月，NASA联合国防部国家测绘局（NIMA）等单位开展了航天飞机雷达地形测绘任务SRTM，并于2003年发布了SRTM v1版数字地形产品，空间分辨率为1″（约30 m）、3″（约100 m）及30″（约1000 m），后经多次版本升级，相关机构于2008年9月发布了高程质量显著改进的全球无缝高程数据集SRTM v4.1。在光学立体像对卫星测图方面，2009年6月日本经济贸易与工业部METI联合NASA发布了ASTER GDEM v1版，这种全球DEM格网分辨率为1″（约30 m）。此外，2014年起日本宇航局JAXA联合有关单位研发了全球化DSM数据产品AW3D，并于2016年5月发布了第一版30 m分辨率的全球化产品AW3D30 v1.0，另外提供了5 m分辨率的全球商业化 DSM 数据产品。我国在全球测图方面也取得重大进展，继资源三号 01 星、02 星之后，高分七号卫星也已成功发射，它是我国首颗民用亚米级光学传输型立体测绘卫星，平面精度可优于 5 m，高程精度有望达到 1.5 m，使得我国的测图能力从 1∶50000 跃升至 1∶10000，可为全球数字高程产品的生产奠定良好的技术基础[48]。

上述 DEM 数据采集方式能够采集陆地上的部分高程信息，而对江河湖海的水下地形则需利用水深测量来获取数据。湖泊水下地形是研究湖泊蓄水能力与湖泊变化的基础数据。青藏高原大多数湖泊都分布在交通不便的偏远地区，由于缺乏测深数据，对湖泊蓄水和水下地形的研究地很少，因此很难计算出青藏高原湖泊的储水量，限制了对水量变化幅度的认识。当前，青藏高原地区只有少数湖泊使用测深设备进行了调查，如纳木错、青藏高原西北部的 4 个湖泊等[19]。

集成多种测量系统的 DEM 数据协同采集方法成为当前快速发展的技术。例如集三维激光扫描仪、多波束测深以及定位定姿系统于一体的船载移动测量系统，可同步获取水下地形与陆域近岸地形[49]。机载激光测高测深系统基于特定波长的激光在水中有良好的穿透性和较低的衰减特性，能灵活地测量浅水区域的水下地形，在我国海岛礁测绘和国防安全领域等的应用已经取得了广泛应用。

从 DEM 数据采集覆盖范围来看，其覆盖范围已从陆地延伸到海底地形、湖泊水库水下地形。总之，随着现代测绘技术的进步和计算机视觉理论与摄影测量的结合，DEM 数据采集的方式更加便捷，数据获取的成本更加经济实惠，覆盖的范围越来越广，格网分辨率更加精细，高程精度也越来越高。

1.2.3 湖泊网络建模研究进展

洼地是地球上普遍存在的地貌单元，大量地理景观由不同尺度的洼地构成[50]。湖泊是一种特殊的自然洼地，由相对封闭可蓄水的洼地形成。湖泊网络建模目的在于通过湖泊之间的水体流向关系建立湖泊网络拓扑结构图，它是分析湖区地表水循环的工具。

在湖泊网络建模的算法方面，大量研究都是通过光学遥感波段组合进行几何运算提取水面识别湖泊，但都需要进一步借助地形图或水系图建立湖泊网络。利用栅格 DEM 进行湖泊网络建模是一种新的尝试。在 DEM 中，湖泊表现为大面积的洼地。DEM 中的洼地分为虚假洼地和真实的自然洼地[51]。到目前为止，对洼地的处理已经存在很多的研究，如利用某些阈值（例如大小、深度、体积）将实际的洼地与虚假的洼地分开[52]。

由于 DEM 中的湖泊以洼地形式存在，故可以借鉴洼地处理的思路建立 DEM 中的湖泊网络。Wu 等[53]提出了一种基于矢量的方法来描绘洼地的嵌套层次,并使用“局部轮廓树”方法表征洼地的拓扑结构,但该方法计算效率较低。接着,Wu 等[54]基于图论的水平集方法来描述和量化 DEM 中的洼地嵌套结构,采用水平集方法模拟水位从沿洼地边界的溢出点到洼地底部的最低点降低,通过跟踪复合洼地内的动态拓扑变化(即洼地分裂/合并),可以构造拓扑图并获得嵌套洼地的几何特性。Barnes 等[55]开发了一种洼地层次结构(Depression Hierarchy)数据模型,并用于模拟地表水的充水-合并-漫溢(Fill-Merge-Spill)[56]水文过程建模,但该方法在面对复杂的洼地拓扑特征显得不足。

目前的文献集中在研究 DEM 中洼地处理方法,很少关注以洼地为特征的湖泊拓扑性质。青藏高原湖泊众多,内流湖彼此独立,湖泊扩张又会产生河湖连通。湖泊群网络建模可为表征地表水文连通性和水文过程提供关键信息,但少有研究试图显式地描绘和量化青藏高原湖泊群的漫溢级联关系。虽然以往的研究中已经开发出具有类似目的的数据结构和相关算法,但直接将其应用于青藏高原湖泊群将产生不确定的结果。因此,研究青藏高原湖泊群的水文和生态效应,需要新的算法和方法来有效地划分和量化不同尺度的湖泊网络及其结构特征。

1.2.4 河网水系建模研究进展

河网与分水岭是地貌学中重要的特征要素,是水文地质建模[57-60]、水资源管理[61]、洪水风险分析[62]、地表水制图[63-65]的基础。利用数字地形模型自动化精确提取河网水系一直以来是国内外研究的热点。数字地形模型中的 DEM 是一种单通道二维矩阵记录高程值的表达方法和存储结构,是进行数字河网自动提取的主要数据源。基于数字地形模型的数字河网提取方法大致可以分为两类:一类是基于等高线和谷线以及图像识别的地貌学方法;一类是基于水文模拟的地表汇流方法[66-68]。由于 DEM 获取方式便捷及其精度不断提高,因此基于水文模拟的地表汇流方法成为了目前河网自动提取的主要方法。

目前水文模拟的地表汇流方法中由 O'Callagham 等[69]提出的 D8 方法[70],是最早出现的最经典的 DEM 河网提取算法[71],即从中心栅格的 8 个邻域栅格中选择高程梯度最大的栅格作为流出栅格,由此确定水流方向。然而在实际运算过程中,会遇到 3 种无法确定流向的情况:栅格有两个或多个可能方向、闭合洼地处、平坦区域。基于这些情况,国内外学者主要从两方面对 D8 算法进行了改进:一种是改进算法提升水流方向来判断准确性,一种是利用先验知识对基础地形数据进行处理,辅助水流方向确定,进而提升河网提取精度。

针对改进算法提升河网提取精度的方法,其主要思路是从算法本身出发,对算法进行改进,确定水流方向,进而提升河网提取精度。Fairfield 和 Leymarie[72]基于 D8 算法提出了 Rho8 方法，用来解决多流向确定问题，但 D8 方法中每个像素的流量只排放到一个接收邻居，因而上述改进并没有从根本上解决问题。由此 Costa-Cabral 和 Burges[73]提出了 DEMON 方法，然而该方法可能有理论优势，但因过于复杂而难以推广。Tarboton[66]使用三角面来消除单一流向算法中只有 8 个可能方向的限制，从而能够描述任意方向的流动路径，并称之为 D∞方法。邬伦等[74]综合 FD8 和 Rho8 算法，提出了一种新的改进算法用于水系提取，结果表明该算法对于多向流和随机性处理具有优越性。Yan 等[75]结合 LCP 算法和 TFM 算法提出了一种新的算法，提高了从 DEM 中提取水系的准确性。卢庆辉等[76]提出了一种融合 Priority-flood 算法[77,78]与 D8 算法特点的河网提取方法，并用 SRTM DEM 数据进行了试验，结果显示综合后的算法比传统 J&D 算法能够较好地消除平坦地区的平行河网。

利用先验知识对基础地形数据进行处理进而提升河网精度的方法，其主要思路是利用研究区内已知先验信息对基础地形数据进行处理，作为确定水流方向的辅助信息，进而利用 D8 算法或改进后的 D8 算法进行河网提取，达到改善提取精度的目的。DEM 数据中承载的信息量有限，无法全面、准确反映地形地貌特征，导致数字河网极易受数据噪声影响。研究表明[79,80]，受 DEM 数据空间分辨率限制及数据误差影响，已有的工具软件和算法难以解决平坦地形问题。虽然基于 DEM 水系提取在地形起伏较大的山区应用的精度较高，但在平缓区域或人类活动较剧烈的平原区就会出现错误结果，尤其是道路、人工渠系、桥涵等径流响应要素的影响难以排除。为解决在地势平坦或地势较低的地区水流方向确定问题，水文学界对此开展了大量研究工作[81]。Hutchinson[82]首先提出河网增强（Drainage Enforcement）方案，通过集成矢量水文图层或其他包含真实河流信息的辅助数据源，并相应地改变水流模式，进而提高数字河网提取的精度和准确性。河网增强中最常见的烧录算法（Burning-in）将已知的水系地图经栅格化后烧录刻入 DEM 中，大量研究结果表明[83-86]，改进后的河网提取结果与实际河网分布较为吻合，对比显示能显著提高河网的精度。Mäkinen 等[87]开发了 PAA（Path Analysis Algorithm）和 IIA（Intersection Inspection Algorithm）两个算法用于识别 DEM 中的涵洞并改进了河网提取结果。Persendt 和 Gomez[61]采用 LiDAR DEM、地形图、数字正射影像多种数据耦合 D8 算法的提高了 Cuvelai 流域的河网精细度。Wu 等[60]提出了一种无需对高程进行修改就可以实现水系的准确性和有效提取的流向强制增强方法，并将该方法运用于改进的 Priority-flood 算法进行河网提取。结果表明，该方法不仅计算高效，而且提取的河网与已知河网偏移在 1 个像素内，具有较高的精度。黄玲和黄金良[88]利用河网辅助信息，提出一种综合地表校正算法（AGREE 算法）和河道烧录方法的改进算法，对环渤海地区进行河网提取。结果表明，增加辅助信息更有助于提高河网提取的精度和准确性。黄春龙[89]等对基于图像纹理特征的水系提取方法进行了研究，证明纹理特征对水系的准确提取具有非常重要的影响作用。许捍卫等[90]利用数字河流和湖泊网络(DRLN)中的流向信息修正 DEM 中平坦地区的水流方向，以秦淮河流域为对象提取了水系，结果显示平坦地区和山区均能提取较符合实际情况的数字流域水系。

从上面的研究可以看出，与径流响应相关的先验信息对河网自动提取精度有非常大的影响。虽然国内外研究学者研究了先验信息对河网自动提取精度的影响，但只是直接利用一种或几种能够栅格化的先验信息对 DEM 进行烧录处理，并没有对所有先验信息进行综合考虑，也没有建立相应的数学模型对先验信息进行分类描述，不便于对先验信息进行数学表达，从而导致在数字河网自动提取过程中的精度没有达到最好。

1.2.5 青藏高原湖泊漫溢溃决研究进展

湖泊是重要的国土资源，湖泊的安全对于人类具有非常重要的影响，湖泊一旦发生溃决，将导致人类的生命和财产受到严重的损失。青藏高原湖泊作为青藏高原的重要组成部分，其稳定性对青藏高原的气候和生态环境具有非常重要的影响，而青藏高原的气候变化对中国、北半球乃至全球的气候变化都可能产生巨大的影响。随着全球气温的升高，青藏高原冰川不断融化，青藏高原内部的湖泊水位不断升高，湖泊溃决成为青藏高原的主要灾害之一[91-93]，使得青藏高原内的生命、财产等受到了巨大的损失[94]。因此，对青藏高原湖泊溃决进行研究，对于减少损失具有非常重要的意义。

近年来，对青藏高原湖泊溃决的成因机理以及溃决方式、溃决影响等，很多学者进行了深入的研究。卓乃湖的溃决是人类历史上首次被人工观察记录的高原湖泊溃决事件。谢昌卫等[95,96]对导致盐湖水位持续上涨和面积快速增大的主要原因进行了分析，探讨了盐湖可能的溃决方式以及可能造成的危害。Wang 等[97]综合分析了青藏高原地区冰碛湖和潜在危险冰湖(Potentially Dangerous Glacial Lakes，PDGLs)的时空分布和演变状况，并结合 PDGLs 的危险性、区域暴露度和潜在危险冰湖，揭示了冰湖溃决后洪水的综合风险程度。Liu 等[98]对青藏高原西藏地区冰湖溃决的机制进行了研究，提炼出溢流和管流两种机制，并以广谢错湖为例，分析了其溃决的可能过程，并对溃决后的洪峰流量进行了估算。Lu 等[99]将 GEE(Google Earth Engine)和 InSAR 技术结合起来对湖泊扩张和多年冻土退化进行联合分析，发现湖泊溃决可能会加速青藏高原多年冻土退化。Liu 等[100]对 2011 年卓乃湖溃决后可可西里湖泊的动态变化进行了研究，指出溃决后的水由盐湖吸收，在此基础上预测了盐湖可能溃决的时间。姚晓军等[101]基于 2010—2015 年 Landsat TM/ETM+/OLI 遥感影像、SRTM 1 弧秒数据、Google Earth 高程数据和五道梁气象台站观测数据，对盐湖变化、湖水外溢条件及其可能性进行了分析，其结果表明青藏高原盐湖在未来 10 年内并不会发生溃决。

1.3 青藏高原河湖系统研究中存在的问题

近年来，在全球气候变暖的影响下，青藏高原湖泊在水文系统、理化性质和生态条件上产生了一系列连锁响应。青藏高原内流区盐湖、色林错、纳木错等湖泊的扩张，尤其是卓乃湖的溃决，让学者和政府都在思考和警觉：是否还有下一次同样的溃决事件发生？当前，研究全球变暖背景下青藏高原的河湖系统演变规律及其漫溢溃决风险，已经成为专家学者和政府管理部门关注的一个重大课题。

然而，青藏高原河湖系统是一个复杂的巨系统，包括大气圈、生物圈、水圈和岩石，各大圈层系统相互耦合、相互影响。青藏高原内流区湖泊及其漫溢外流区河网水系构成的河湖系统的时空演变过程非常复杂。在时间维度上，青藏高原的河网水系在全球变暖的宏观背景下近几十年发生了巨大变化；在空间维度上，青藏高原河湖系统的地理本底也发生了改变。因此，从地理角度对青藏高原河湖系统的演变特征进行建模、仿真与分析研究，是认识在全球变暖背景下青藏高原湖泊演变及其漫溢外流危害的重要基础。从上述国内外研究现状可以看出，对青藏高原湖泊的研究仍然存在高精度地形地貌数据不足、湖泊拓扑结构与水力连接关系认识不够、精细化河网水系数据缺乏、内流湖泊漫溢外流风险分析不足等问题。

1）*青藏高原多源地形地貌数据获取与处理方法亟待探索*

从 DEM 数据获取的国内外研究现状可知，现阶段 DEM 的分辨率大都在 30 m 左右，而高精度 DEM 数据是建立河湖系统模型的重要数据支撑。特别是由于青藏高原的地理环境十分特殊，导致其 DEM 数据缺失的情况严重，给河湖系统演变的建模与分析造成了重要的阻碍。因此，综合运用卫星遥感、无人机、船载水深测量等多方面技术，利用多源数据集成融合方法，探索青藏高原水上水下一体化的精细 DEM 数据获取方式，对河湖系统演变的建模与分析具有非常重要的意义。

2）*青藏高原湖内流区湖泊间的拓扑结构和水力连接关系研究亟待加强*

湖泊是一种广义的洼地，湖泊的演进首先服从于地形地貌条件。全球变暖可能导致单个湖泊水面扩张使其彼此之间建立水力连接。为此，需首先获得单一湖泊的分水岭，当水面突破分水岭约束后，哪些湖泊会互相连通？它们之间的级联关系是什么？通过对这些问题的理解，有助于认识全球变暖背景下青藏高原湖泊在水循环过程中的作用，进而为计算湖泊的水量平衡和地表产汇流提供数据基础。

洼地处理在水文建模过程中处于非常重要的环节。研究内流区洼地漫溢级联结构，对了解整个内流区水文特征具有非常重要的意义，对认识内流区湖泊漫溢过程具有很好的指导作用。然而，以往对内流区洼地级联关系鲜有研究，且已有研究中洼地漫溢级联关系并未对所有级联结构进行总结，导致内流湖级联结构研究不够透彻，且对青藏高原地区内流湖湖泊漫溢级联关系缺乏相关研究。研究青藏高原内流湖漫溢级联结构对评估内流区湖泊的漫溢风险、减少因湖泊漫溢给基础设施造成的危害具有非常重要的意义。

3）平坦地形条件下高精度河网水系提取方法研究需要进一步加强

青藏高原地区由于其独特的地理条件，导致一直以来高原地区高精细地形的缺失，严重影响了高原地区水文分析精度。同时，在高精度河网提取过程中，以往的研究对先验知识的运用仅仅停留在部分使用层面，并没有从模型角度考虑先验知识对精细河网提取的作用。因此，为了解决青藏高原高精细水文要素提取的问题，研究高分辨率地形获取方法以及基于高精细地形获取高精细水文要素的方法，对全球变暖背景下青藏高原河湖系统演变建模与分析具有非常重要的支撑作用。

4）全球变暖下青藏高原河湖系统演变产生的风险亟待加强分析

在全球变暖背景下，青藏高原湖泊水位不断升高，于是产生了大量河湖连通现象，部分湖泊面临漫溢甚至溃决风险。因此，在利用河湖系统建模方法获取青藏高原湖泊水文特征及河网水系要素的基础上，建立在全球变暖背景下湖泊漫溢溃决数学模型，并对其发生漫溢溃决后洪水的演进过程等进行模拟分析，对制定有效应对工程措施和应急预案、减小湖泊漫溢溃决外流对下游国家重要基础设施造成的危害具有重要的理论指导意义，是一项十分紧迫的研究任务。

1.4 研究内容与研究思路

1.4.1 研究内容

通过对青藏高原水文系统、河湖网络建模以及湖泊漫溢的研究现状和存在的问题进行分析可知，青藏高原河湖系统建模及演变分析研究涉及系统分析与集成、摄影测量与遥感、地理信息系统及水文水资源等多学科知识。为了更好地认识全球变暖下青藏高原河湖系统的演变特征，本书在国内外研究现状的基础上，分析目前存在的问题，采用多学科综合交叉方法，从地理角度探究空间维度的河湖系统建模问题，对青藏高原内流区湖泊水文连通性建模及外流区平坦地形条件下高精度河网提取方法进行研究，并将上述方法应用于可可西里四湖流域(卓乃湖、库赛湖、海丁诺尔、盐湖)漫溢外流模拟与分析研究，为避免因盐湖进一步漫溢引起青藏铁路等国家重要基础设施损坏提供决策支撑。

本书从以下 4 个方面展开研究。

1）青藏高原地形地貌数据空天地水多源协同方法研究

面向青藏高原河湖系统建模 DEM 等地形地貌数据需求，考虑空间尺度、分辨率、成本、用途等因素，研究建立多种 DEM 获取方式协同的 DEM 数据立体采集体系，以及多源多尺度 DEM 数据集成融合方法。

2）青藏高原内流区湖泊网络子系统水文连通性建模方法研究

研究湖泊级联关系构建方法，分析内流区湖泊漫溢级联拓扑结构特征，揭示青藏高原内流区湖泊子系统的水文连通性规律。

3）青藏高原外流区河网水系子系统建模方法研究

针对 D8 算法在平坦地形条件下容易出现迷失水流方向的问题，研究青藏高原外流区平坦地形条件下高精度河网水系提取方法，分析 DEM 数据和辅助信息对河网提取质量的促进作用。

4）青藏高原河湖系统演变风险分析研究

研究青藏高原内流湖漫溢溃决转换为外流的演变过程，评估全球变暖下青藏高原内流区湖泊的漫溢溃决风险，分析溃决洪水对国家重大工程带来的威胁。

1.4.2 研究思路

如图 1-2 所示，本书采用系统分析与集成思想，对青藏高原河湖系统演变特征进行建模、仿真与分析研究。总体研究思路如下。首先，鉴于青藏高原特殊的自然地理环境，集成空天地水等多种方法，协同采集和获取河湖系统建模与仿真所需的地形地貌数据；然后，将青藏高原河湖系统分解为内流区湖泊群和外流区河网水系等 2 个子系统，分别采用测地数学形态学方法，对内流区湖泊群子系统的水文连通性进行建模与分析，采用“DEM＋先验知识”方法对外流区河网水系子系统进行建模与分析；最后，将内流区湖泊群子系统与外流区河网水系子系统连接起来，对内流区湖泊发生漫溢溃决而外流的风险及其过程与结果进行模拟仿真。

本书按照“数据获取-内流区湖泊子系统建模-外流区河网水系子系统建模-内流与外流演变分析”的基本思路展开研究，具体实施技术路线和步骤如下。

(1) 对研究区数据获取、河网提取、湖泊漫溢风险的研究现状进行简要阐述，并对研究中存在的问题及难点进行总结，明确本书的研究思路及方向。

(2) 概要阐述基于空天地水的青藏高原多源数据获取体系，分析青藏高原河湖系统建模对地形地貌数据的需求，在考虑空间尺度、分辨率、成本、用途等因素的基础上，研究多源数据集成与协同方法。

(3) 青藏高原内流区湖泊子系统水文连通性建模方法研究。通过引入测地形态学理论，研究基于测地重建的 DEM 洼地填充方法、基于区域生长的 DEM 平地检测方法、基于区域分割的 DEM 分水岭变换方法和基于标记控制的 DEM 形态学分割算法，建立基于形态学分水岭变换与 Priority-flood 相结合的洼地级联关系构建新方法，分析青藏高原内流区湖泊的级联结构特征，揭示青藏高原内流区湖泊水文连通性规律。

(4) 青藏高原外流区河网水系子系统建模方法研究。通过分析先验知识对平坦地区 DEM 中 D8 算法的水流流向引导作用，研究集成 DEM 与先验知识的数字高程扩展模型 DXM。阐述 DXM 的栅格化和语义化方法，利用不同水文地貌先验知识构建多种 DXM 模型，提出基于 DXM 的河网水系提取方法。以 UAV-SFM 获取的 DEM 和先验知识构建不同的 DXM 实验方案，对比分析河网水系提取的质量，验证 DXM 模型的有效性，从而建立青藏高原外流区平坦地形条件下河网水系建模的新方法。

(5) 青藏高原内流转换为外流的演变分析。基于青藏高原内流区湖泊级联结构及外流区河网水系建模结果，对青藏高原内流湖漫溢溃决进行模拟分析。以可可西里四湖流域的盐湖为例，研究基于高精细水文要素的青藏高原湖泊溃决风险分析方法，基于二维浅水波水动力方程建立盐湖漫溢溃决数学模型，模拟洪水演进过程，分析其对下游索南达杰自然保护站、青藏公路等带来的威胁，并提出应对措施。

本书的研究思路及章节安排如图 1-2 所示。

第 1 章从青藏高原内流区湖泊的重要性、全球气候变暖对青藏高原内流区湖泊水文系统的影响、青藏高原内流湖漫溢外流的危害性等方面简单介绍研究背景及意义，对其中涉及的水文系统、DEM 数据获取、湖泊网络建模、河网水系建模、湖泊漫溢溃决的国内外研究现状进行阐述。在此基础上，总结目前研究中存在的问题及难点，制定研究目标和内容，设计研究思路并绘制研究路线图。

第 2 章针对青藏高原地形地貌数据获取中存在的实际困难，根据河湖系统演变建模与分析对 DEM 等地形地貌数据的具体需求，介绍基于卫星遥感的

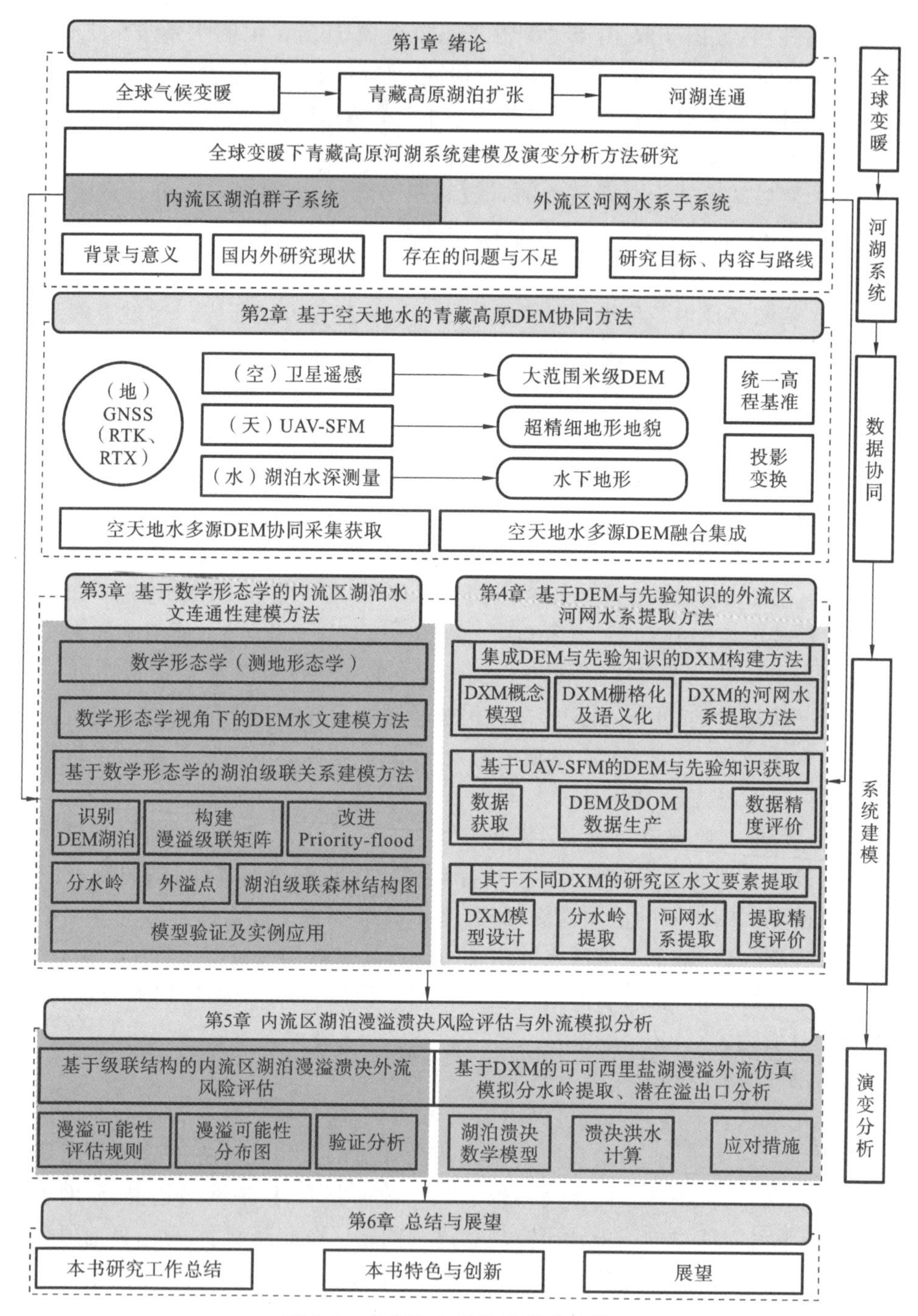

图 1-2　本书研究思路及章节安排

DEM 获取方法、基于 UAV－SFM 的高精细 DEM 获取方法和基于船载水下地形采集的理论方法。研究综合利用多种数据获取手段及其集成方法，建立空天地水协同的青藏高原多源 DEM 数据获取体系，为青藏高原河湖系统演变建模与分析所需 DEM 等地形地貌数据的获取提供方法上的支持。

第 3 章通过引入测地数学形态学理论与方法，从基于测地重建的 DEM 洼地填充、区域增长的 DEM 湖泊识别、标记控制的分水岭提取和改进 Priority－flood 的湖泊漫溢级联结构计算等方面，对青藏高原内流区湖泊的水文连通性进行数学建模、拓扑结构分析与可视化，建立青藏高原内流区湖泊子系统演变建模与分析方法的基础。

第 4 章提出一种基于 DEM＋水文地貌先验知识的数字高程扩展模型(DXM)，探索平坦地形条件下的河网水系提取新方法，主要从 DXM 概念模型及其构建方法、高精度 DEM 和水文地貌先验知识获取方法、基于不同 DXM 的河网水系要素提取方法等方面，对青藏高原外流区河网水系进行建模与分析研究，为后续内流区湖泊漫溢溃决外流模拟分析奠定基础。

第 5 章在前述对青藏高原河湖系统的内流区湖泊子系统和外流区河网水系子系统分别进行建模与分析的研究成果基础上，研究在全球变暖背景下河湖系统中内流区与外流区之间的连接与转换等演变特征。首先对内流区湖泊的漫溢溃决风险进行评估，然后以漫溢溃决风险高、且已经发生过漫溢溃决事件的可可西里四湖流域(卓乃湖、库赛湖、海丁诺尔、盐湖)的尾闾湖盐湖为例，分析其潜在漫溢溃决位置，对湖水外溢演进过程进行模拟分析，为最大限度地减小其对外流区产生的危害提供理论指导和科学依据。

第 6 章对本书的主要工作、创新点进行陈述，分析目前研究中仍然存在的问题，在此基础上对下一步研究工作进行简单的规划。

2　基于空天地水的青藏高原DEM协同方法

数字高程模型(DEM)是湖泊网络和河网水系建模与分析的数据基础。青藏高原覆盖范围广泛,气候条件恶劣,人迹罕至,这里的数据采集设备运输及人工作业后勤补给非常不易。所以,获取高精度地形地貌数据的难度大、成本高。随着新一代测绘遥感技术的发展,DEM 获取的理论与方法日新月异,涌现出了卫星遥感、UAV-SFM、地面实测和船载水深测量等空天地水的多维手段,使得 DEM 数据精度、覆盖范围、空间分辨率显著提升,并且从陆上延伸到了水下。

本章针对青藏高原地形地貌数据获取中存在的实际困难,根据河湖系统系统建模及演变分析对 DEM 等地形地貌数据的具体需求,研究综合利用多种数据获取手段及其集成方法,提出空天地水协同的青藏高原多源 DEM 数据获取体系,为获取青藏高原河湖系统系统建模及演变分析所需地形地貌数据提供有效方法与支持。

2.1　基于卫星遥感的大范围 DEM 获取方法

2.1.1　基于 GNSS 的 DEM 高程测量

1. GNSS 差分定位技术

全球导航卫星系统(Global Navigation Satellite System,GNSS)可为地表或近地空间的任何点提供三维坐标、速度和时间信息,是重要的时空信息基础设施[102]。现有的 GNSS 包括美国的 GPS、俄罗斯的 GLONASS、欧洲的 GALILEO 以及我国的北斗导航系统。GNSS 信号在传输中受到各种干扰后造成定位不精准,例如 GPS 的定位精度仅 50～100 m[103],实时单点定位精度不高于 15 m。网络 RTK 使用来自连续运行参考站(CORS)发送的差分改正数,达到厘米级的精度,成为高效、可靠的实时定位技术。其缺点是增加了网络安装和系统维护成本。在过去的几十年时间里,随着实时 GNSS 精确卫星轨道、精密钟差改正等实时数据流的开放共享,利用单台 GNSS 接收机实现实时精密单点定位(Pricision Point Position,PPP)的技术得到快速发展。

随着数据通信技术的迅捷发展,GNSS 差分信号的传输方式更加灵活。当前主要采用的方式包括无线电台、移动通信、互联网、卫星通信等,差分信号的覆盖范围更加广泛。网络 RTK 的服务覆盖范围有限,受蜂窝网络以及互联网服务范围的限制。我国地域广阔,还存在没有 CORS 覆盖的盲区。星站差分技术是近年来快速发展起来的一种定位技术,结合了地面的差分增强与卫星广播,差分信号的覆盖范围理论上可以达到全球任意位置。许多商业化运营公司提供了服务全球的实时精密单点定位校正服务,主要包括 Trimble 公司的 RTX、Fugro 公司的 Starfix、NavCom 公司的 StarFire[102] 等,并且相关的服务提供商也日益增多。

北斗地基增强系统是我国自主建立的具有高精度定位能力的基础设施。千寻位置网络有限公司是我国第一家提供北斗地基增强服务的商业化运营公司,于 2016 年 5 月 18 日开始投入运行,截至 2022 年已经覆盖我国绝大部分地区(见图 2-1)。

图 2-1 北斗地基增强服务系统覆盖范围(访问时间:2022-1-12)

2. 基于星站差分的 DEM 高程测量

Trimble RTX(Real-Time eXtended)是一种实时差分扩展技术,它利用来自全球跟踪站网络的实时数据,结合创新的定位算法计算中继卫星轨道、卫星时钟和其他系统的改正数,利用卫星通信将改正数播发到 GNSS 接收机,用户端获得实时高精度的定位数据[104]。使用 RTX 服务,GNSS 接收机可以在全球范围内实现单台接收机优于水平 2 cm 和垂直 5 cm 的定位精度。大量研究证实,RTX 符合 Trimble 公司给出的精度要求[105,106]。针对可可西里盐湖地区,基于地基增强的千寻定位服务目前尚未覆盖，如图 2-1 所示。因此，采用 RTX 技术能够测量出可可西里地区地物目标的高精度三维坐标。

伴随着 GNSS 定位精度的不断提高，其应用场景也不断拓展。基于 GNSS 衍生的 3D 点数据被用作地面控制点，为其他测量方法提供测量基准或验证其他测量方法的准确性。20 世纪 90 年代以来，GNSS 一直用于地形测绘，通过测量地面点的三维坐标进行插值以创建 DEM。虽然这种单点采集方法的观测精度高，但大范围测高点的密度较低，空间覆盖范围非常有限，因此基于 GNSS 的 DEM 测量只适用于小范围、大比例尺测图任务。

2.1.2 基于光学立体像对获取 DEM

1. 摄影测量原理

摄影测量是利用光学摄影机摄取相片，通过相片来研究和确定被摄物体的形状、大小、位置和相互关系的一门科学技术[107]。摄影测量先后经历了模拟摄影测量、解析摄影测量和数字摄影测量。数字摄影测量以数字影像和数字摄影测量系统取代传统的模拟测图仪和解析测图仪，基于计算机双目视觉原理完成影像几何与物理信息的自动提取。摄影测量是获取高精度地形地貌数据的有效技术手段，相比传统手段，摄影测量不受通视条件限制，能以比较经济的成本快速采集大范围的三维地形。小孔成像是摄影测量最基础的成像几何模型，满足地面点、像点、镜头中心三点位于一条直线的条件，其数学表达式被称为共线方程，如式(2.1)所示。

$$\begin{cases} x-x_0=-f*\dfrac{a_1(X_A-X_S)+b_1(Y_A-Y_S)+c_1(Z_A-Z_S)}{a_3(X_A-X_S)+b_3(Y_A-Y_S)+c_3(Z_A-Z_S)} \\ y-y_0=-f*\dfrac{a_2(X_A-X_S)+b_2(Y_A-Y_S)+c_2(Z_A-Z_S)}{a_3(X_A-X_S)+b_3(Y_A-Y_S)+c_3(Z_A-Z_S)} \end{cases} \tag{2.1}$$

式中，(x,y)是像点的像平面坐标；$(x_0,y_0,-f_0)$为相片的内方位元素，是描述影像中心与相片之间位置的参数；(X_A,Y_A,Z_A)是地面点的物方空间坐标；(X_S,Y_S,Z_S)是投影中心的物方空间坐标；a_i、b_i、$c_i$$(i=1,2,3)$是由外方位元素组成的方向余弦。其中：

$$\begin{aligned} &a_1=\cos\varphi\cos\kappa+\sin\varphi\sin\omega\sin\kappa \\ &b_1=\cos\varphi\sin\kappa+\sin\varphi\sin\omega\cos\kappa \\ &c_1=\sin\varphi\cos\varphi a_2=-\cos\omega\sin\kappa b_2=\cos\omega\cos\kappa \\ &c_2=\sin\omega \\ &a_3=\sin\varphi\cos\kappa+\cos\varphi\sin\omega\sin\kappa \\ &b_3=\sin\varphi\sin\kappa-\cos\varphi\sin\omega\cos\kappa \\ &c_3=\cos\varphi\cos\omega \end{aligned} \tag{2.2}$$

式中，φ、ω、κ 为像片绕 X、Y、Z 三个坐标轴的旋转角。

共线方程是摄影测量学中最基本的公式之一，基于共线这一几何特性，将两个已知的摄影站点和两条已知的摄影方向线，采用前方交会方法就可计算地面点的三维坐标，如图 2-2 所示。由两张重叠影像构建立体模型，结合已知的相机内外方位元素或大量地面控制点求解相机的位置和姿态参数，根据摄影过程的几何反转理论，通过同名像点的坐标求出所对应物方点的三维坐标[108,109]。数字摄影测量实现了影像几何与物理信息的自动化提取，采集精度大大提高，效率也大幅提升，是目前快速获取大范围高精度地形地貌数据的有效技术手段。

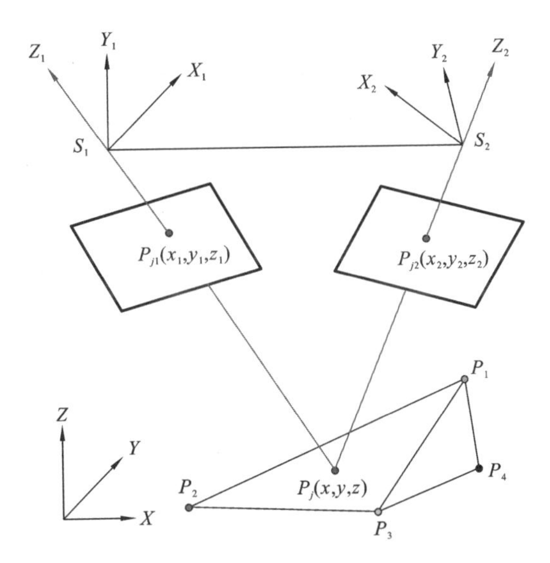

图 2-2 摄影测量几何模型

2. 基于卫星光学立体像对提取 DEM

航空航天摄影测量采用类人眼的立体视觉方法，从一个观测视角获取的单幅影像只能确定物点的空间方向，从不同视角观测的两幅及以上相互重叠的影像构成立体像对，通过前方交会确定物点的空间位置[40]。立体像对是在不同摄站位置拍摄的具有一定重叠度的同一景物的两张影像。基于人类视觉原理，采用左、右投影器模拟两只眼睛，将立体像对分别放置于对应的投影机前方，投影机的相对位置也恢复到摄像机拍摄时的位置和姿态，这样从两个投影机投射下来的光束就在空中交会构成立体模型，见图 2-3。更进一步，结合像控点恢复立体模型的原始尺度、绝对位置和方位信息，然后就可以通过基于恢复的立体模型量测物体三维坐标来代替野外测量。

基于立体像对提取 DEM 的本质是利用共线方程和三角测量重建地表三维

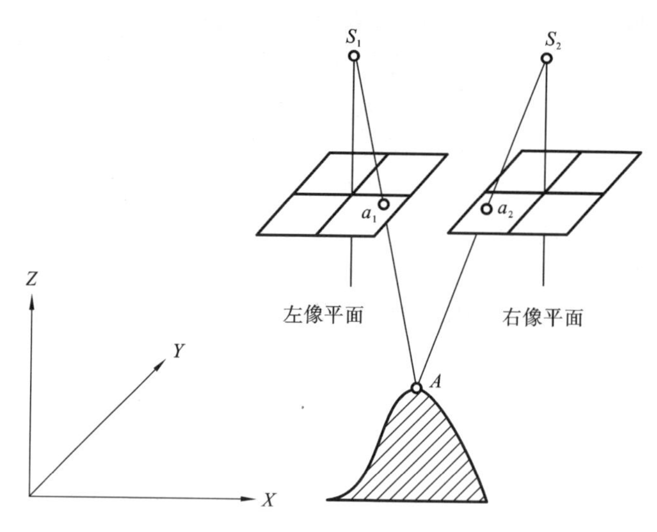

图 2-3　立体像对恢复三维地形模型

模型，它遵循严密的传感器数学模型。在模型中，每个定向参数都有严格的物理意义，彼此独立。

物理传感器模型的建立需要传感器物理构造及成像方式等信息，因而能反映成像过程中的各种误差信息。在卫星摄影测量中，为了保护技术秘密，一些传感器的参数并未被公开，因而用户不可能建立这些传感器的严格成像模型，并且，其通用性较差。有理函数模型应运而生，它使用与具体传感器无关的、形式简单的有理函数模型取代物理传感器模型，其本质是采用有理函数逼近二维像平面与三维物方空间的数学关系，同样能够描述卫星图像立体像对直接的复杂非线性关系。有理函数模型(Rational Function Model)是将像点坐标(L,S)表示为含地面点坐标(U,V,W)的多项式的比值，其定义[110-112]如下。

$$L=L_s\times\frac{Num_l(U,V,W)}{Den_l(U,v,W)}+L_0,S=S_s\times\frac{Num_s(U,V,W)}{Den_s(U,V,W)}+S_0 \qquad (2.3)$$

式中，$\frac{Num_l(U,V,W)}{Den_l(U,v,W)}$是归一化的影像坐标，$(U,V,W)$是归一化的地面坐标，$(L_S,S_s)$是归一化比例参数，$(L_0,S_0)$是归一的平移参数，$Num_l(U,V,W)$、$Den_l(U,v,W)$、$Num_s(U,V,W)$、$Den_s(U,V,W)$均可以用$m$代指，多项式表达为：

$$\begin{aligned}m=&a_1+a_2V+a_3U+a_4W+a_5VW+a_6VW+a_7UW+a_8V^2+a_9U^2\\&+a_{10}W^2+a_{11}UVW+a_{12}V^3+a_{13}VU^2+a_{14}VW^2+a_{15}V^2U\\&+a_{16}U^3+a_{17}UW^2+a_{18}V^2W+a_{19}U^2W+a_{20}W^3\end{aligned} \qquad (2.4)$$

式中，$a_i(i=1,2,\cdots,20)$为有理函数的多项式系数(Rational Polynomial Coefficient,RPC)。4 个多项式共有 80 个有理多项式系数存储到文件中。卫星数据供应商将 RPC 文件与立体像对影像一起分发给用户,用户利用测图工具求解地面点的坐标,进而产生测区的 DEM 数据。

光学卫星摄影测量既可以全球连续覆盖,也可以局部区域覆盖。光学高分辨率立体影像是全球 DEM 的首要数据源,例如法国 SPOT 系列、美国 Terra ASTER、日本 ALOS PRISM 、MapSat、Cartosat-1、中国资源三号(ZY-3)、天绘一号等。局部覆盖的摄影模式的光学卫星影像分辨率高、敏捷机动性强、重返周期短[113],广泛应用于局部区域地形测量,如 WordView-1、IKONOS、Pleidies 卫星等。

2.1.3　基于 InSAR 获取 DEM

1. InSAR 几何模型

合成孔径雷达干涉测量(Synthetic Aperture Radar Interferometry,InSAR)是一种将微波遥感与射电干涉技术相结合,利用星载或机载平台采集同一区域的雷达影像,并进行联合处理获取地表信息[114]的测量技术。利用两幅天线同时成像,或者一幅天线相隔一定时间重复成像,获取同一目标的复雷达图像像对。由于目标与两个天线之间的距离不等,使得在复雷达图像像对同名像点之间产生相位差,形成干涉条纹图,图上的相位差量测值(干涉相位)与地面目标的三维空间位置之间存在严格的几何关系。依据这一几何关系,利用天线高度、波束成像角、雷达波长以及两天线之间的距离(Baseline,基线距)提取地面点的高程,从而重建区域的三维 DEM。

图 2-4 所示是 InSAR 系统中地表三维重建的几何模型。其中 A_1 和 A_2 是两个不同的天线位置,二者构成的基线向量 B 与飞行轨道垂直,α 是基线向量 B 与水平方向的夹角,θ 是雷达侧视角,h 为目标点 S 的高度,H 为 A_1 位置时天线的高程,R_1 与R_2 分别为 A_1 和 A_2 到目标点 S 的斜距。两个雷达斜距差 ΔR 可根据对应像素的绝对相位差 $\Delta\varphi$ 计算:

$$\Delta R = R_1 - R_2 = \frac{\lambda}{P \cdot 2\pi}\Delta\varphi \tag{2.5}$$

式中,λ 为雷达波长;对于重复观测的单天线 InSAR 系统,$P=1$;对于双天线的 InSAR 系统,$P=2$。

在三角形 A_1A_2S 中,由余弦定理得:

$$\begin{aligned}\cos\beta &= \frac{R_1^2 + B^2 - R_2^2}{2R_1B} = \frac{R_1^2 + B^2 - (R_1 + \Delta R)^2}{2R_1B} \\ &= -\frac{\Delta R}{B} + \frac{B}{2R_1} - \frac{\Delta R^2}{2R_1B}\end{aligned} \tag{2.6}$$

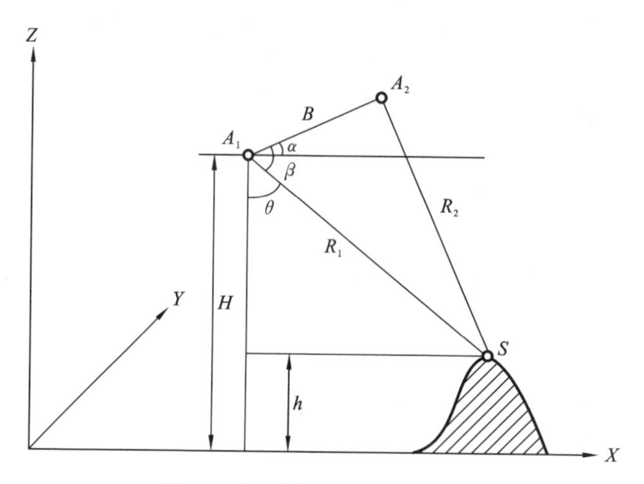

图 2-4　InSAR 系统的几何关系

由此计算得到：

$$\beta=\arccos\left(-\frac{\Delta R}{B}+\frac{B}{2R_1}-\frac{\Delta R^2}{2R_1B}\right) \tag{2.7}$$

目标点 S 的高度 h 为：

$$h=H-R_1\cos\theta=H-R_1\cos\left(\alpha+\frac{\pi}{2}-\beta\right) \tag{2.8}$$

将式(2.7)代入式(2.8)后，得点 S 的高度 h 计算公式为：

$$h=H-R_1\cos\left(\alpha+\frac{\pi}{2}-\arccos\left(-\frac{\Delta R}{B}+\frac{B}{2R_1}-\frac{\Delta R^2}{2R_1B}\right)\right) \tag{2.9}$$

2. 基于 InSAR 的 DEM 数据获取

基于 InSAR 技术获取地形复杂区域大范围 DEM 数据是当前的研究热点之一。基于 InSAR 获取的 DEM 数据源为同一地区具有较好相干性的单视复数图像(Single Look Complex，SLC)。主要的数据处理步骤包括 SLC 影像配准、干涉图生成、噪声滤波、去平地效应、相位解缠、地理编码等，通过计算真实干涉相位和轨道信息重建 DEM。

InSAR 作为一种主动遥感技术，可有效克服天气影响，能全天候、全天时作业，空间覆盖范围广，在全球地表制图中起着举足轻重的作用。国际上发射了系列 SAR 卫星并获取了大量数据。最著名航天飞机雷达地形测绘使命(SRTM)获取了覆盖全球 80%以上陆地表面地形数据，已发布的数据产品包括 3″(约 90 m)的 SRTM3 和 1″(约 30 m)的 SRTM1，高程精度约为 16 m[115]。德国航空太空中心于 2016 年 9 月推出了空间分辨率为 12 m 的 TanDEM-X DEM 产品，其绝对高程精度为 10 m，相对高程精度为 4 m（地形坡度＞20 °），预计将成为全球 DEM 在空间分辨率、精度和复杂地形刻画能力等方面的新标杆[116]，但属于商业化数据产品。中国的环境一号 C 星（HJ-1C）和高分三号卫星（GF-3）相继发射，使得 SAR 遥感数据应用愈加广泛。

2.2 基于 SFM 的超精细 DEM 获取方法

2.2.1 运动恢复结构（SFM）摄影测量

1. 从数字摄影测量到 SFM 摄影测量

摄影测量是利用光学摄影机摄取相片，通过相片来研究和确定被摄物体的形状、大小、位置和相互关系的一门科学技术[107]，先后经历了模拟摄影测量、解析摄影测量和数字摄影测量。数字摄影测量以数字影像和数字摄影测量系统取代传统的模拟测图仪和解析测图仪，基于计算机双目视觉原理完成影像几何与物理信息的自动提取。摄影测量是获取高精度地形地貌数据的有效技术手段，相比传统手段，摄影测量不受通视条件限制，能以比较经济的成本快速采集大范围的三维地形。它的基本原理如图 2-5 所示。通过两张重叠影像构建立体模型，结合已知的相机内外方位元素或者利用大量地面控制点求解相机的位置和姿态参数。测量时根据摄影过程的几何反转理论，由 2 张像片上同名像点的坐标求出它们所对应的物方点三维坐标[109,117]。采用传统摄影测量进行地形测绘一直由专业技术人员开展，因为仪器、设备昂贵，数据采集条件苛刻。

2. SFM 摄影测量的理论基础

运动恢复结构摄影测量（Structure From Motion Photogrammetry，SFM Photogrammetry）起源于计算机视觉，率先由 Ullman 在 1979 年提出[118]。SFM 通过相机运动采集多视影像集，采用高效的特征匹配算法提取同名特征，并跟踪图像特征在多幅影像中的运动过程，通过非线性最小化重投影误差估算相机的位置和姿态（Motion）并重建三维场景结构（Structure）。SFM 是结合了多视角立体几何（Multi-View Stereo，MVS）和计算机视觉（Computer Vision，CV）算法的创新摄影测量方法，能够从高度冗余的多幅重叠图像自动生成三维点云，其空间分辨率、精度和精度与机载激光雷达相当。SFM 摄影测量用于许多学术领域的地形或曲面建模，近年来在地球科学的应用呈爆炸式增长，并渗透到其他领域，如考古学、建筑学、火山学、林业、岩土力学等。

SFM 摄影测量的几何模型如图 2-5 所示。其中 C_j 是相机，多面体是待测地物目标，P_j 是多面体表面上的一点，分别用红、黄、绿、蓝、黑表示，(x_{ij}, y_{ij})为 P_j 在像平面上的成像，不同相机中相同颜色的点表示为同名点，基于多视影像特征匹配和光束法平差求解相机内外方位元素；与图 2-2 所示传统摄影测量相比，其相机的内外方位元素已知，通过前方交会解算地物点 P_j 的三维坐标。

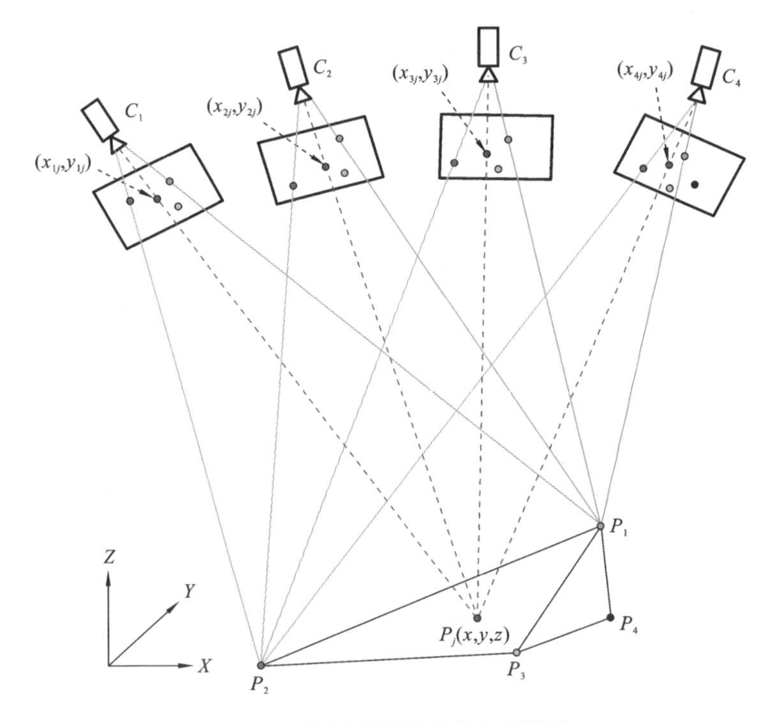

图 2-5　SFM 摄影测量的几何模型

SFM 摄影测量自动化处理的 3 个主要步骤[119]如下。

首先，基于稳健的特征算子如 SIFT[120] (Scale Invariant Feature Transform)或 SURF[121] (Speeded Up Robust Features)提取图像特征并建立图像匹配关系。特征算子具有对旋转、尺度缩放、亮度变化保持不变的优点，因而能够提取大量同名像点实现图像匹配。如图 2-5 所示，从影像序列中追踪特征点，例如红色地物点 P_j，在 4 张影像中其坐标分别对应不同的影像坐标。

其次，采用上述匹配结果估计相机的相对方位或者绝对方位。通常采用随机抽样一致性算法 RANSAC(RANdom SAmple Consensus)结合基础矩阵 $\boldsymbol{F}$ 或本质矩阵 $\boldsymbol{E}$ 将新增影像与已有图形构网连接，然后剔除影像匹配中的粗差。

最后，利用光束法平差估算相机方位并重建对应特征的物体结构[119]。光束法平差是当前摄影测量、计算机视觉、机器人领域通用的一种利用影像进行定位的理论与方法，是伴随摄影测量百年发展被广泛认可的精华。

光束法平差通过特征匹配构建几何目标的稀疏点云，从而非线性最小化投影误差[122,123]。其目标函数为：

$$s.t. = \min_{\{P_j\},\{C_i\}} \sum_{i \sim j} \left(\left(x_{ij} - \frac{C_{i1}^{T} P_j}{C_{i3}^{T} P_j} \right)^2 + \left(y_{ij} - \frac{C_{i2}^{T} P_j}{C_{i3}^{T} P_j} \right)^2 \right) \tag{2.10}$$

式中，P_j 是场景中第 j 个点的三维坐标，所有三维坐标点集构成场景结构；$\boldsymbol{C}_i$ 是第 i 个相机参数，为 3×4 的矩阵，包含了相机的位置、方向以及内方位元素；$\boldsymbol{C}_{i1}^{T}$、$\boldsymbol{C}_{i2}^{T}$、$\boldsymbol{C}_{i3}^{T}$是对应相机矩阵 $\boldsymbol{C}_i$ 的 1、2、3 行的转置；(x_{ij}, y_{ij})表示 P_j 在 $\boldsymbol{C}_i$ 上的投影坐标。

SFM 摄影测量的最大优势在于可利用消费级非测量相机来完成，相机不必事先标定[46,124,125]，影像采集方式灵活多变，数据处理过程高度自动化，输出的数据多种多样，而且能够与数字摄影测量工具深度结合并通过二次采集后得到高精度地形图，因而近年来 SFM 摄影测量的应用得到井喷式发展。

3. SFM 摄影测量与传统数字摄影测量的比较

与传统摄影测量的不同之处在于，SFM 摄影测量是通过高度冗余的重叠影像来获取三维点云，影像采集可由消费级非测量相机来完成，甚至对相机不必做标定[46,124,125]。采用非线性最小二乘法优化迭代求解相机的位置和姿态以及目标地物的三维空间坐标。利用控制点进行空间相似变换，将图像空间坐标投影转换到现实世界坐标进行直接定位[123]。SFM 摄影测量与传统摄影测量的主要区别如表 2-1 所示。

(1) SFM 摄影测量的相机内方位元素、外方位元素、镜头畸变参数是通过求解整体投影差最小优化问题获得的。传统摄影测量为了满足高精度地形测绘需求，需要利用搭载平台上的高精度定位定姿系统记录拍摄瞬间相机的绝对坐标和三轴姿态角度，并通过事先标定相机方式计算相机的内方位元素和镜头畸变参数。

(2) SFM 摄影测量基于先进的图像特征匹配算法[125]，如 David Lowe 于 1999 年提出、2004 年完善的尺度不变特征变换算法(Scale Invariant Feature Transform，SIFT)、Herbert Bay 等提出的加速稳健特征算法[121](Speeded Up Robust Features，SURF)，这类算法均具有良好的稳健性，对旋转、尺度缩放、亮度变化保持不变性。因此基于 SFM 摄影测量在影像采集时灵活多变，只要保持多视角影像采集、影像重叠度高。而传统摄影测量不仅要求采用专业量测相机，而且通过云台确保相机曝光时必须竖直向下，需要严格按照规划的航线和曝光点进行数据采集。

(3) 控制点的作用。在 SFM 摄影测量中，控制点是在共线方程求解之后，能实现两种空间坐标的相似空间变换。而传统摄影测量利用控制点进行绝对定向和确定比例尺,冗余的控制点用于标定相机的内方位元素和镜头畸变参数。

表 2-1 SFM 摄影测量与传统摄影测量的比较

<table>
<tr><th></th><th>SFM 摄影测量</th><th>传统摄影测量</th></tr>
<tr><td>基本原理</td><td colspan="2">小孔成像、双目视觉、共线方程、光束法平差</td></tr>
<tr><td>地面控制点</td><td>较少控制点,实现影像空间到地理空间的绝对定位定向和尺度变换,空间相似变换</td><td>需布设大量控制点,用于相机绝对定向和标定相机内方位元素</td></tr>
<tr><td rowspan="4">数据采集</td><td>消费级相机、专业相机</td><td>严格标定的测量相机</td></tr>
<tr><td>不要求有精确的定位定姿系统</td><td>搭载平台要求有高精度定位定姿系统(POS/IMU)</td></tr>
<tr><td>不要求有云台</td><td>要求有云台</td></tr>
<tr><td>支持乱序影像,采集方式灵活多样,可多视图采集,采集影像的分辨率、光照条件可有较大变化,倾斜摄影方式可以消除遮挡影像</td><td>竖直摄影方式,结构化影像,须事先进行曝光点设计,航迹线保持平行</td></tr>
<tr><td rowspan="2">数据处理</td><td>高度自动化,支持并行处理,处理周期较短</td><td>人机交互方式立体测图,采集周期较长</td></tr>
<tr><td>有大量商业化处理软件和开源软件</td><td>主要是商业软件</td></tr>
<tr><td>输出数据产品</td><td>激光点云
三维格网模型
数字正射影像
数字表面模型</td><td>数字正射影像
数字地形图</td></tr>
</table>

2.2.2 基于无人机的 SFM 数据采集

无人机平台的功能强大,能从多个位置、角度和相机视角进行图像捕获,基于运动恢复结构的算法与无人机航拍图像结合,为自然环境监测提供了低成本、快速和高质量的数据采集与处理方案,给三维地形测量带来了革命性的变化。SFM 摄影测量搭载的平台主要包括遥控飞艇(RC Blimp)、固定翼无人机(Fixed-wing UAV)(见图 2-6)、旋翼无人机(Rotary-wing UAV)、混合翼无人机(Hybrid UAV)[126]。进入 21 世纪后,无人机与车载移动平台的广泛使用,相比传统的卫星遥感平台和航空平台,它们获取数据的效率高、作业方式灵活快捷、成本低。同时由于它们飞行高度低,从而能够获取大比例高精度影像。这些低空平台的广泛应用使得摄影测量的精度和效率大大提高，作业成本也大幅度降低。SFM 摄影测量技术是激光扫描技术在各种环境下获取高分辨率地形的有效替代方法[46,126]。此外，通过整合从地面和无人机（UAV）获取的图像，SFM 摄影测量和多视图立体（MVS）方法成为获得地形表面完整重建的理想工具。

图 2-6 基于固定翼无人机的 SFM 数据采集

虽然摄影测量并不是河流地貌学中的新工具，但 SFM 摄影测量为研究人员提供了新的机会，无人机与 SFM 摄影测量相结合，它比传统航空摄影以更低的成本采集航空图像并创建精细的数字高程模型，在几十米和几百米的较小区域的各种空间尺度的河流中应用广泛。该技术提供了一种获取客观空间信息的方法，在河流景观测绘领域可快速获取正射影像和数字高程模型。此外，利用无人机绘制河流特征的详细地图对于水文形态学研究具有特别重要的意义，因为使得传统测量方式发生了实质性的转变。

2.2.3 SFM 数据处理

SFM 摄影测量的快速发展一方面得益于数据采集设备如消费级无人机和数码相机的性能不断提升与价格不断下降，此外也得益于后处理软件高度自动化。随着计算机视觉技术的发展和计算机硬件性能的大幅升高，以及基于图形处理单元（Graphic Processor Unit，GPU）以超越摩尔定律的速度更新换代，市面上涌现了大量 SFM 摄影测量软件。Torres 等[127]把 SFM-MVS 软件划分为三类：① 从影像照片到密集点云完整解决方案，即 SFM 摄影测量与实景三维建模系统；② 解决 SFM 三维重建中具体环节的独立工具，完成数据处理时需多个工具组合；③ 基于 WebService 的三维建模网络应用。常见的 SFM 数据处理工具见表 2-2。

表 2-2　常见的 SFM 数据处理工具

类型	工具名称	特点
SFM 摄影测量与实景三维建模系统	AgiSoft Metashape	http://www. agisoft. com，原名 PhotoScan，俄罗斯 Agisoft 公司出品，一款基于影像三维实景建模软件，早期主要用于雕塑三维建模，可生成高分辨率正射影像及带精细色彩纹理的 DEM 模型
	Pix4DMapper	http://pix4d. com/，Pix4DMapper 是瑞士 Pix4D 公司推出的无人机航测数据处理系统，可将数千张影像快速制作成专业、精细的二维地图和三维模型
	Inpho UASMaster	Trimble 公司推出的大型无人机摄影测量处理软件
	Bentley Context Capture	原名 Smart3D，是一款高度自动化的倾斜摄影三维建模软件，支持并行处理
	Skyline Photo Mesh	与 Smart3D 齐名的倾斜摄影三维建模软件，结合 Skyline 三维 GIS 集成融合，支持从数据生产到后期三维模型应用完整解决方案
单一 SFM 数据处理	Bundler	http://www. cs. cornell. edu/～snavely/bundler/，华盛顿大学 Noah Snavely 开发的稀疏点云重建工具
	Patch-based MVS (PMVS)	http://www. di. ens. fr/pmvs/，华盛顿大学 Yasutaka Furukama 开发的稠密三维重建工具
	VisualSFM	http://ccwu. me/vsfm/VisualSFM，从图像序列中提取特征，利用这些特征信息重建出 3D 模型的稀疏点云，而后还可进行稠密点云重建
	Apero MicMac	http://logiciels. ign. fr/? Micmac，开源软件，应用于考古学文化遗产三维建模、地质结构和环境应用测量

续表

类型	工具名称	特点
格网修饰编辑工具	ccEditor	Bentley 公司推出的倾斜模型编辑工具
	DP-Modeler	DP-Modeler 是天际航公司自主研发的一款精细化单体建模及 Mesh 网格模型修饰软件
	Geomagics Studio	逆向工程软件，支持三维格网编辑处理
	MeshLab	http://meshlab. sourceforge. net/，开源的格网编辑软件
	Meshmixer	Meshmixer 是一款强大的编辑三维网格的工具，可以编辑、合并、修复格网模型，让三维网格模型更加美观
SFM 网络服务	ARC 3D Webservice	https://homes. esat. kuleuven. be/～ visit3d/，三维重建网络工具
	Altizure	https://www. altizure. com/，香港科技大学开发的实景三维建模平台和社区，提供在线从图像到三维模型自动建模、分发共享等服务

商业软件如 Agisoft Photoscan、Pix4Dmapper、Bentley Context Capture（原 Smart 3D）、Skyline Photomesh 等均提供自动化三维建模功能。这些软件的数据处理流程大同小异，基本步骤如下。

(1) 提取每张影像特征点。

(2) 匹配图像间的同名特征点。

(3) 自动空中三角测量（Automatic Aerial Triangulation，AAT）和光束法区域网平差计算（Bundle Block Adjustment，BBA）。

(4) 影像对齐并生成点云。

(5) DSM 和 DOM 生产。

基本的 SFM 工作流生成两个数据集：稀疏点云和密集点云。SFM 在初始对齐阶段生成稀疏点云。这些点都是初始三角测量的结果，用于帮助对齐所有相机位置。在所有相机粗对准之后，稀疏点云通过光束法平差来优化相机位置。在对齐阶段之后，使用密集匹配算法来增加摄影测量点的体积。

UAV-SFM 摄影测量工作流程见图 2-7。

(1) 布设地面控制点靶标，利用星载差分 GPS 高程测量获取靶心三维坐标，构建测区影像地面控制网。

(2) 无人机搭载 CCD 相机按照规划的航线拍摄测区高重叠度的数码影像。

(3) 提取影像特征点进行特征匹配,基于光束法平差对齐影像,计算相机内部参数。

(4) 标识地面控制点,重新优化光束法平差中的计算参数,进行空间相似变换,对几何场景进行绝对定位定向。

(5) 应用多视立体(Multi-View Stereo,MVS)算法进行密集匹配,生产稠密彩色点云。最后导出 DSM 和 DOM、Mesh,得到数字地形产品。

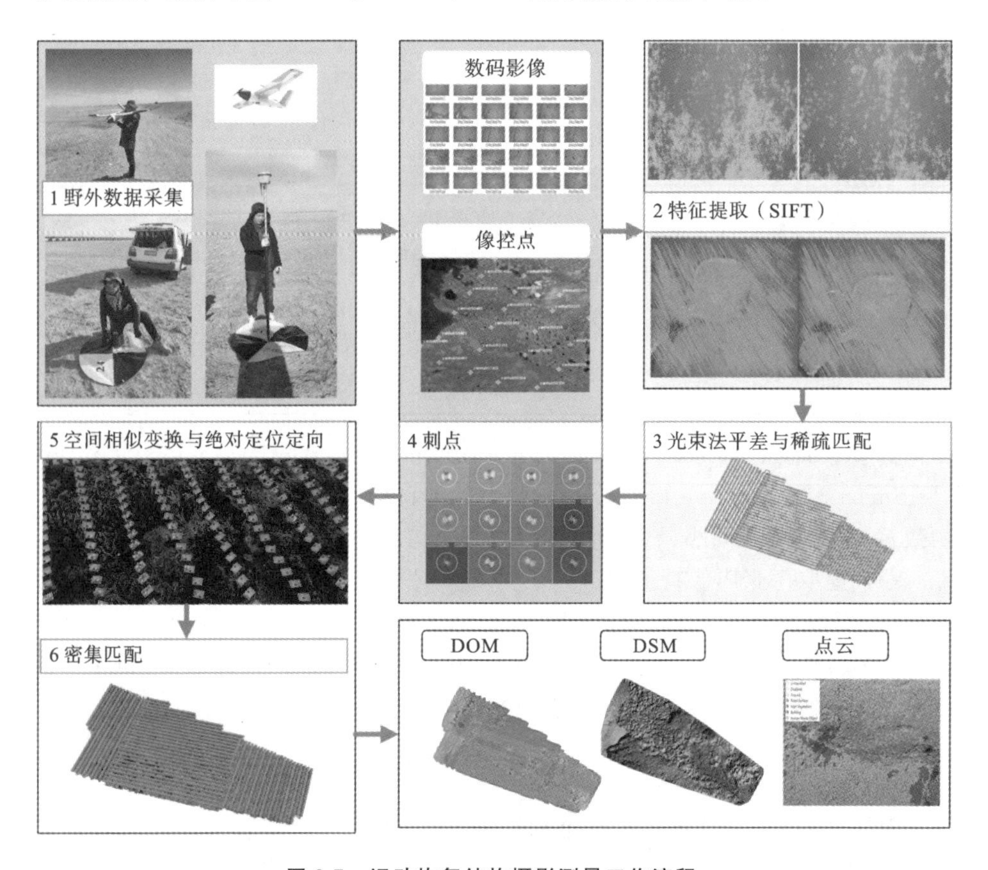

图 2-7 运动恢复结构摄影测量工作流程

2.2.4 基于 SFM 获取高分辨率 DEM

高分辨率地形(High Resolution Terrain,HRT)数据集的产生在地貌界引起了越来越大的兴趣[125,128]。历史上,地貌学研究受到可用空间和时间分辨率数据的限制[128]。然而,最近的地球信息科学革命将地形和景观的量化从数据贫乏转变为数据丰富[129]。日益丰富的地理空间大数据的出现,预示着对河流和集水区的地形结构产生新的见解。高分辨率地形使地貌学家能够对地球表面进行详细和连续的测量与建模,捕捉地形变化的细微信号,进而量化塑造和改变地貌的过程,因而改变可量化地貌过程的尺度、频率和信号[130,131]。为满足流域地貌过程研究的需要,已经发展了多种高分辨率地形测量方法,如地面激光扫描、航空激光雷达、多波束声纳、RTK GPS 和全站仪测量。由于基于 HTR 的 DEM 需要在人员、时间、硬件和软件方面进行大量投资,因此进行准确、精确和高质量的 HRT 测量仍然是一项挑战[132]。基于图像的方法,如数字摄影测量,其成本一直在稳步下降。大量研究证明了 SFM 可以提供与 LiDAR 和传统摄影测量相当的数据质量和分辨率,且具有前所未有的易用性和非常低的成本。因此,将 SFM 引入流域地貌学中可以在方法学上实现飞跃。

基于遥感的 DEM 数据获取需要在适当的空间和时间尺度上进行平衡,综合考虑数据类型、成果质量和采集获取的便利性。尽管卫星图像和传统航空摄影技术广泛可用,并能提供亚米级的空间分辨率和丰富的历史数据,但成本高昂,受气候条件的限制,不适合进行针对复杂自然条件下大范围的精细比例尺研究。虽然传统的高程数据采集可通过实地工程测量获得,但这种方法费时费力,而且空间覆盖范围有限。机载激光雷达测量可以提供高质量的地形数据,但它对飞行平台要求高,其激光雷达设备昂贵且作业条件严苛,因此,不适合作为青藏高原地区大范围地形采集的主要手段。

UAV-SFM 在地貌学的一系列优点,使得其在特殊地理环境下成为高精度 DEM 数据获取的重要手段,尤其针对青藏高原可可西里无人区,是高效、经济、实用且满足高空间分辨率和高数据精度的 DEM 数据获取手段。

2.3 基于船载测深系统的水下 DEM 获取方法

2.3.1 水下 DEM 测量原理

湖泊水体遮蔽了水下地形,常规的航空航天遥感平台携带的传感器无法直接刺穿水体抵达湖泊底部。尽管存在穿透水体能力较强的蓝绿激光机载激光雷达测深系统,但也仅适用于近海岸、岛礁、浅滩等清水区域,探测深度受限。受到上述数据采集方式的制约,湖盆地形 DEM 数据获取的难度大,且没有开源可用的数据源。采用湖滨地形信息对于湖泊水文动态变化研究有较多限制,需同时测量湖泊水上、水下三维地形。当前,常规区域性水深测量通常采用以舰船等水面移动载体为平台的声学探测技术,例如单波束测深系统和多波束测深系统。由于水草、悬浮物、气泡、游动的鱼群以及复杂的河底地形可引起异常瞬间回波,并导致换能器底部检测失败,因此必须以连续回波信号为参考对测深数据进行检测,校正异常数据。

回声测深仪是利用声波反射信息测量水深的仪器。它的工作原理是利用换能器在水中发出声波,当声波遇到障碍物后反射回换能器时,根据声波往返的时间和所测水域中声波传播的速度就可以求得障碍物与换能器之间的距离。水深 H 的计算公式为:

$$H=C*\frac{t}{2}+h \tag{2.11}$$

式中,C 为声波在水中的传播速度,但并不恒定,它会随着水温、盐度及深度发生变化,因而需要采用式(2.12)进行声速改正;t 为声波信号往返行程所经历的时间,由测深仪测量计算获得;h 为换能器吃水深度。

$$C=1450+4.206T-0.0366T^2+1.137(S-35) \tag{2.12}$$

式中,C 为水中声速(m/s);S 为盐度,以‰计;t 为水温(℃)。

相应地,水深声速改正值应按下式计算:

$$\Delta H_C=\left(\frac{C}{C_0}-1\right)\times H \tag{2.13}$$

式中,ΔH_C 为深度改正值(m);H 为水深读数;C_0 为水中标准声速(m/s),默认取标准声速为 1 500 m/s。

2.3.2 船载水下 DEM 采集与处理

进行水下地形测量作业时,利用船体搭载水深探测设备、供电系统、定位定姿系统采集湖底河床地形。一般由人工驾驶机动船或者快艇获取数据,但下水测量比较危险且作业时间长,在一些特殊地形条件下如青藏高原地区或者应急救援时,租船面临实际困难。为此,采用一体化无人船水下地形测量系统进行测量,可有效地解决上述问题。

现场作业时,为削弱涌浪导致船体摆动影响测量精度,设定船载 GNSS 接收机定位数据更新频率不低于 10 Hz。将无人测量船采集的原始水深点数据经过误差改正数据处理编辑后,绘制等深线图和水下地形 DEM,作为后续水文分析的数据基础。水下地形数据处理流程见图 2-8。

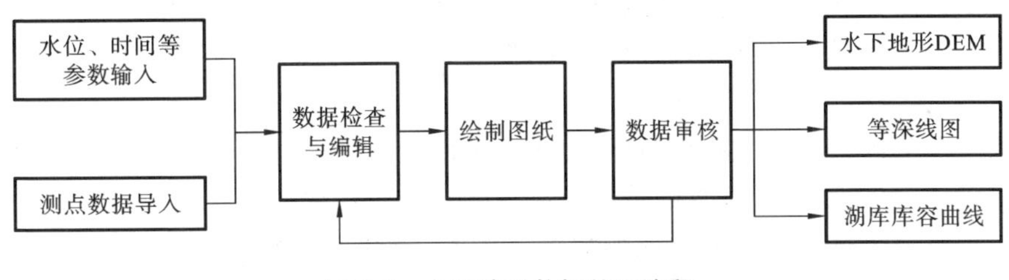

图 2-8 水下地形数据处理流程

2.4 空天地水多源 DEM 数据的协同体系构建

2.4.1 青藏高原 DEM 数据获取方式分析

前面三节介绍了 DEM 数据获取的主要手段，然而受测量手段、生产方法等因素的影响，它们提供的多源 DEM 高程数据产品的空间分辨率、精度不同，因此有必要对这些 DEM 数据产品进行深入的分析与比较。

1. DEM 数据获取方式的比较

如图 2-9 所示，通过 GNSS RTK 方式获取的 DEM 数据的精度极高，但覆

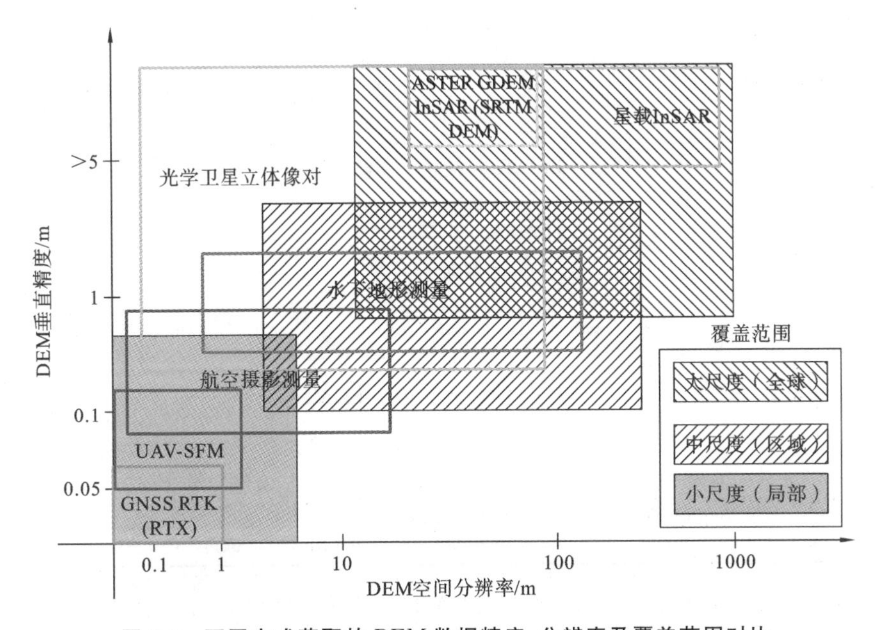

图 2-9 不同方式获取的 DEM 数据精度、分辨率及覆盖范围对比

盖范围极小，适合采集高精度点位数据。常规航空摄影测量以有人飞机或者无人飞机为平台搭载光学相机进行测绘，但青藏高原的气候多变、空气稀薄、后勤补给困难，导致DEM获取成本过高。UAV-SFM机动性强、作业灵活、能满足较大范围的高精度地形测绘，且随着无人机性能的进步，能适应青藏高原恶劣的气候条件，是中小尺度理想的数据获取手段。针对青藏高原地域广阔的特点，须以星载平台进行大范围采集地形数据。然而，上述DEM数据采集只是获取陆域部分的数据，可见光相机或雷达波难以采集湖底地形。为此，要利用船载测深系统获取湖泊水下地形数据。综合运用上述多种手段以满足青藏高原河湖系统建模对DEM数据的分辨率、覆盖范围、数据精度等方面的需求。

2. 星载开源DEM数据

受益于全球卫星遥感技术的发展，面向全球尺度的DEM产品可免费下载，有力推进了地球科学热点问题的研究。表2-3给出了常用的全球开源DEM数据，以及高程基准、格网分辨率、获取方式等特征参数。在使用开源DEM数据时，应通过官方网站下载获取，保障DEM数据的完整性。

表2-3 全球开源DEM数据参数

产品名称	观测时间	获取方式	高程基准	格网间距	数据特点
ASTER GDEM	2000—2013	光学立体像对	EGM96	30 m	
SRTM DEM	2000	InSAR	EGM96	30 m/90 m	没有覆盖高纬度地区
ALOS Word 3D AW3D30	2006—2011	光学立体像对	EGM96	30 m	日本
GLO30/GLO90	2010—2015	InSAR(X波段)	EGM2008	30 m/90 m	ESA/AirBus
MERIT	2000—2013	InSAR+光学立体像对	EGM96	90 m	ASTER与SRTM融合产品，5°分块
NASA DEM	2000	InSAR(C波段)	EGM96	30 m	对SRTM进行算法改进再处理，多源数据融合产品
ALOS PALSAR RTC	2006—2011	InSAR(L波段)	WGS84椭球高	30 m/12.5 m	UTM投影，GeoTiff格式

从表2-3可看出，开源DEM以InSAR和光学立体像对为获取手段，可公开下载的DEM数据以格网间距为1″(约30 m)或3″(约90 m)为主，但高程基准并

不一致。

3. 现场实测 DEM 数据

通过星载 InSAR 和星载光学立体像对两种测量方法都能获得青藏高原范围内的地形数据，并且相关数据已经开源 DEM 数据，能够在互联网上免费下载，极大地推进了青藏高原的河湖系统研究。

开源获取青藏高原 DEM 数据没有经过现场实测校验，数据存在大量噪声，数据精度有限，地形细节欠缺，无法满足青藏高原河湖系统精细建模的需求。为此，在开源 DEM 数据的基础上，进一步利用现场实测方式获取局部 DEM 数据。具体地，对于陆域的亚米级地形地貌数据，首先采用 GNSS RTK 技术建立测区平面控制网，利用 GNSS 高程测量方法，结合已知水准点的联测结果，求解区域高程异常值。基于地理学第一原理，将小范围内高程异常值设为常数，实现基于 GNSS 高程测量的水准点布设。充分发挥无人机的机动性和 UAV-SFM 数据采集的高效率、高精度特点，采集建立研究区陆域部分的 DEM 模型；对湖泊水下地形利用船载测深系统进行湖底地形测量。上述两种方式的有机结合，实现了研究区陆域和湖泊水下地形数据的全采集。

2.4.2 河湖系统建模与仿真对 DEM 数据的需求分析

1. 全球开源 DEM 数据的不足

DEM 是水文过程模拟所需的核心空间数据集，一般来说，准确刻画地形特征的 DEM 数据产品在河湖系统建模等实际应用中更有价值。然而，当前开源 DEM 数据在精细化的河湖网络建模方面还存在不足。

一方面，开源的全球尺度 DEM 具有较大的垂直误差，且对复杂地形会表现得更加严重，它们无法表征相对平坦的地形[133]。例如，SRTM DEM 具有 16 m 绝对高程误差和 6 m 相对高程误差[134]，当进行中小尺度水循环过程模拟时，这种固有误差明显不可接受。目前可用的全球 DEM 不能准确模拟或预测局部规模的地貌，即使经过大量预处理来消除明显偏差，也仍然不准确。例如在大多数河流模拟中，SRTM DEM 中的垂直残余误差比洪水波浪幅度高几个数量级[135]。

另一方面，当前的全球 DEM 格网分辨率不足，无法解析控制洪水的地形特征细节。Kenward 等[136]研究了不同大范围 DEM 对水文径流预测的影响，发现不同 DEM 会导致径流预测的差异接近 10%。采用不同 DEM 数据源进行洪水建模，可能高估或低估洪水淹没程度。局部范围水文建模需要比当前大覆盖范围内可用的更高的分辨率和精度的地形数据，尤其是在较小的集水区应用中，开源 DEM 中的局部高程误差对小尺度应用产生的不利影响更为明显。因此，使用当前粗糙分辨率全球DEM来准确模拟洪水和其他自然过程变得非常困难。

2. 河湖系统建模数据需求分析

青藏高原地广人稀，地形地貌数据获取极其困难。面对青藏高原河湖系统这样一个复杂的巨系统，需从不同尺度上对其剖析和建模，以期掌握青藏高原河湖系统动力学特征及其驱动机制。具体而言，从宏观大尺度上，需重点阐释水文水资源系统变化态势及其地貌效应等科学问题；从中观尺度上，需分析和理解湖泊间水文连通性以及内流区与外流区的转换过程；从微观尺度上，模拟仿真具体湖泊基于水文水动力建模的演变过程，如盐湖所在的四湖流域，需分析其湖泊漫溢溃决外流的灾害风险及局部河流水系特点。因此，针对不同的研究对象、研究问题以及河湖系统建模与仿真研究对DEM数据的需求层次，从多时空尺度、多分辨率、多用途、多成本等不同角度，通过集成空天地水多源DEM数据并将它们进行协同，实现取长补短、各尽其能的目标。将空天地水多源DEM数据获取方法作为工具箱，根据河湖系统建模对宏观、中观和微观不同的应用尺度、不同的数据需求进行分析，有针对性地从工具箱中选取相应的工具进行组合应用，从而实现数据获取协同。

表2-4列举了前文所述多种DEM数据获取方式，由此，针对不同的水文建模应用，需在数据垂直精度、格网间距与覆盖范围方面进行平衡，以达最佳的DEM应用匹配性。

表2-4　不同DEM数据获取方式的特点及其适宜场景

DEM数据获取方式	覆盖范围	分辨率	高程精度	应用场景
GNSS RTK	$10\ m^2 \sim 1\ km^2$	—	$10^{-2}\ m \sim 10^{-1}\ m$	像控测量、精度校验
星载光学立体像对/星载InSAR	区域、全球	$10\ m \sim 10^3\ m$	$10\ m \sim 10^2\ m$	湖泊水文连通性分析、大型流域建模、水文模拟
UAV-SFM	$100\ m^2 \sim 100\ km^2$	$10^{-2}\ m \sim 10\ m$	$10^{-2}\ m \sim 10\ m$	小流域河网水系提取、洪水计算
船载水深测量	$100\ m^2 \sim 10\ km^2$	$10\ m \sim 10^3\ m$	$10^{-1}\ m \sim 10\ m$	湖泊容积计算、泥沙淤积分析

2.4.3　构建DEM数据协同获取体系

随着日益丰富的地理空间大数据的出现以及高分辨率地形地貌数据的广泛

应用,学者们能够对青藏高原进行详细和连续的测量和建模。为满足青藏高原湖泊网络系统建模的需要,已经发展了多种高分辨率地形测量方法,如航空航天遥感、UAV-SFM、GNSS RTK 和全站仪测量。这些测量方法在人员、时间、硬件和软件方面的投入有很大的区别。基于遥感的 DEM 数据获取需要在适当的空间和时间尺度上进行平衡,在数据的高、中、低分辨率上进行协同,综合考虑数据类型、成果质量和采集获取的便利性,最大限度地满足青藏高原河湖系统建模的需要。

尽管卫星图像和传统航空摄影技术广泛可用,并能提供亚米级的空间分辨率和丰富的历史数据,但它们的成本高昂,受气候条件限制,不适合进行针对复杂自然条件下大范围的精细比例尺研究。传统的高程数据采集通过实地工程测量获得,但这种方法费时费力,而且空间覆盖范围有限。UAV-SFM 可以提供与 LiDAR 和传统摄影测量相当的数据质量及分辨率,但更加高效、经济、实用,是青藏高原可可西里无人区高空间分辨率和高数据精度的最合理的 DEM 数据采集方式。

在宏观尺度上,利用星载遥感技术,发挥 InSAR 和光学立体像对快速大范围采集的优势,获取青藏高原地区 30 m 分辨率的 DEM 数据,在水文建模时可用于提取大范围河网水系与分水岭进行大尺度水文过程模拟与分析。在中观和微观尺度上,全球开源 DEM 数据的高程精度相对较低,格网间距过于粗糙,概化了地形细节。为此,利用无人机采集精细地形地貌,结合船载水深测量系统,建立水陆一体化的地形数据集,有助于产汇流过程的仿真建模。图 2-10 描述了这种多尺度 DEM 数据获取方案。通过建立多尺度多源 DEM 数据获取体系,充分发挥每种 DEM 数据测量方法的优势,扩大数据覆盖范围、提升数据高程精度

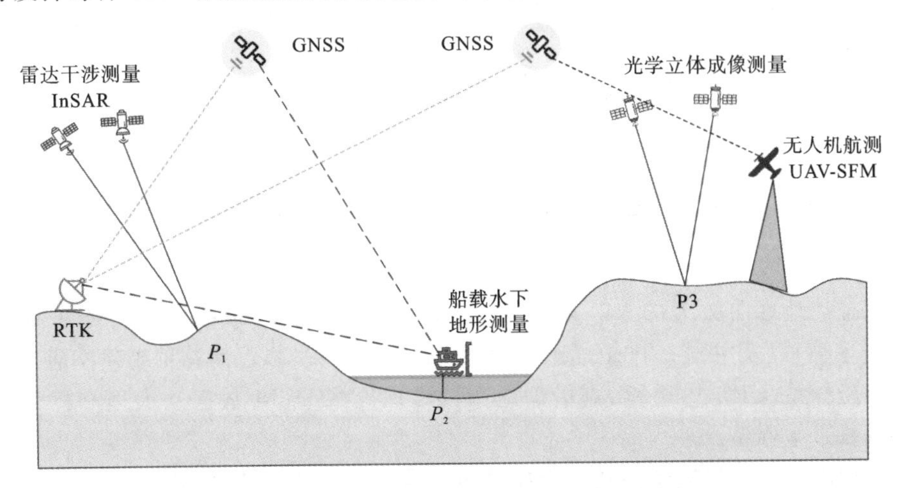

图 2-10 青藏高原河湖系统多源 DEM 数据获取体系

和格网分辨率，建立水陆一体、空天地系统协同的青藏高原河湖系统全域数据采集体系，为后续建模与分析提供数据基础。

2.5 青藏高原空天地水多源 DEM 数据集成

通过上一节分析得知，青藏高原大范围的 DEM 数据以获取开源的 InSAR 或者星载光学立体像对测图为主。尽管数据容易获得，但两者获取方式都有缺陷且产生数据空洞或者精度不足，因此可将其融合集成以提升数据质量。此外，开源 DEM 的数学基础并不相同，与现场实测的 UAV-SFM 和水下地形数据坐标系统也不一致，为此必须将其转换并集成到统一的地理参考系统中。

2.5.1 开源 DEM 数据的融合集成

选择合适的时间窗口是保证光学立体影像高质量成像的前提条件，云层及雾霾遮挡等不利条件极大地降低了生成 DEM 数据的精度，数据的时效性也难以保障。采用 InSAR 获取 DEM 数据具有全天时、全天候、大尺度、高精度的特点，但 InSAR 采用斜视成像的模式，更容易被起伏地形遮挡。并且，InSAR 的微波能穿透地表覆盖的积雪、冰川等，不是反映地表实际高程值[138]。ASTER DEM 会因云层覆盖而产生伪影，可能导致大的高程误差[135]，而 STRM DEM 的覆盖范围接近全球，地形细节表达清晰，但雷达阴影导致数据中的空洞较多。将这两种高程数据集成进行融合处理，可有效填补 DEM 数据空洞、抑制噪声并消除植被偏差[45,139,140]。由此衍生的 DEM 数据被广泛使用，它们在垂直方向上的误差达到了许多水文建模应用可接受的高程精度。通过将开源 DEM 数据进行有效融合，发挥微波遥感与光学测量各自的优势，消除 DEM 数据的空洞，构建无缝的、全域覆盖的青藏高原中分辨率 DEM 数据集，使其满足青藏高原湖泊网络建模需求。

2.5.2 空天地水多源 DEM 数据的数学基础统一

1. 投影系统统一

描述地球曲面上的点一般采用大地坐标系（GCS），包括 WGS 84 坐标系（WGS 84）以及中国 2000 国家大地坐标系（CGCS 2000）。河湖系统建模通常在投影坐标系（CPS）中进行，需借助地图投影理论将 DEM 数据从大地坐标系转换到投影坐标系。

地图投影通过数学函数建立地球表面点和二维平面点之间的映射关系，其数学表达式为：

$$\begin{cases} x=f_1(\varphi,\lambda) \\ y=f_2(\varphi,\lambda) \end{cases} \tag{2.14}$$

式中，(φ,λ)分别表示经度和纬度，(x,y)表示平面位置。

高斯-克吕格投影（Gauss-Krüger Projection）和墨卡托投影（Universal Transverse Mercator，UTM）是目前世界各国采用最广泛的投影，这两种投影在小区域范围内投影前后具有良好的保角性。为限制长度变形，按 3°或 6°经度差进行分带并独立投影。

进行地图投影需确定地球椭球体和地图投影算法。青藏高原的开源 DEM 数据以 WGS 84 坐标系进行发布，格网间距为 1 弧秒。相关研究[141,142]证实，WGS 84 与 CGCS 2000 是相容的，两者的坐标数值一致。因此，对青藏高原地区的开源 DEM 数据，可将 WGS 84 坐标按照 CGCS 2000 来使用，这种投影转换带来的平面位置误差在大尺度的河湖系统建模中可以忽略。

可可西里地区四湖流域位于青藏高原内流区的最东侧。盐湖水下地形通过船载测深系统获取，而盐湖潜在外溢通道的陆上地形则是利用 UAV-SFM 技术获取。为使得开源 DEM、UAV-SFM DEM 与湖泊水底地形测量能无缝衔接，首先必须保持一致的平面基准。为此，投影信息设置为基于 CGCS 2000 平面直角坐标系，按照 3°分带，中央经线是 93°E。具体地，在盐湖测区周围布设了多个控制点，采用多台 GNSS 接收机进行同步静态观测，结合精密星历数据进行解算，获取测区控制点的 CGCS 2000 坐标，从而构建测区的平面控制网。最终利用 GIS 工具将无人机航空摄影、船载测深水下地形扫描以及开源获取的 DEM 数据统一到 CGCS 2000 平面直角坐标系下。

2. 高程基准统一

高程基准是国家大地测量基准的重要基础设施。全球 DEM 采用了不同的高程坐标系统，分别有 EGM96、EGM2008 和 WGS84 等。EGM96、EGM2008 分别采用了不同的地面重力模型，但 WGS 84 椭球高不考虑地面重力模型，只记录测点的大地高。当前我国统一采用的 1985 国家高程基准属于水准高。不同的高程基准对应不同的起算面，垂向偏差也是不同的。通常利用水准测量和重力测量求解不同高程基准之间的垂直偏差，实现将不同的高程基准连接起来进行数值转换。

设 P 为地表上一个水准点，则垂直偏差的计算公式为：

$$\Delta H=h-H-N \tag{2.15}$$

式中，ΔH 是局部高程基准 A 与大地水准面之间的垂直偏差(m)；h 为水准点 P 的椭球高(m)，通过 GNSS 和水准测量获得；H 是 P 在高程基准 A 下的正常高(m)，也通过 GNSS 和水准测量获得；N 是高程异常(m)，由地球重力场模型求得。

盐湖测区的自然地理环境极端恶劣，常规水准引测和高程基准转换难以开展。为保证湖泊水下地形与岸基陆上地形数据能够有效衔接，需采用统一的1985国家高程基准。基于测区获得的国家水准点，利用星站差分技术代替常规水准测量，进行控制点高程基准的转换，并与GPS网平差结果进行比较，验证GPS网平差结果的合理性。测区的高程测量结果如表2-5所示。

表 2-5　盐湖测区 RTX 数据比对表

点名	网平差高程	RTX高程	互差 m	误差 mm	限差 /mm	备注
＃CP1	4xx5.1632	4xx4.3556	xx.8076	29.6	40.0	距＃CP4 约 4 km
＃CP2	4xx8.1764	4xx7.3596	xx.8168	38.8	82.2	距＃CP4 约 16.9 km
＃CP4	4xx2.6060	4xx1.8280	xx.7780	0	0	起算点

注：限差按照四等水准计算，$\pm 20\sqrt{R}$，其中 R 为测段长度，单位为 km。根据数据管理要求，在后续章节中对所有涉及高程值的十位和个位数字进行了隐藏，在文字叙述、图片和表格中均以“x”显示。

由于＃CP4点距离三个已知水准点均仅有数10米，运用水准仪进行引测，并以该点为起算点，对控制网平差高程与RTX高程进行比较。从表2-5可看出，采用RTX技术进行高程基准转换，与GPS网平差高程相比，测点＃CP1和＃CP2的误差分别为29.6 mm和38.8 mm，均满足四等水准测量限差要求。由此可见，利用起算点＃CP4计算的水准高转换参数对其他GPS点高程进行改正，从而实现水上、水下实测DEM数据的高程基准统一。

2.6　本章小结

本章研究了摄影测量、雷达干涉测量、GNSS、SFM和船载水深测量等获取三维地形和数据处理的理论与方法，建立了多源DEM数据获取体系。通过充分发挥每种DEM数据测量方法的优势，在青藏高原地区扩大了地形地貌数据覆盖范围，提升了DEM数据高程精度和格网分辨率，构建了水陆一体、空天地系统协同的全域DEM数据获取体系。在青藏高原内流区广大范围内采用光学卫星遥感和InSAR协同的数据获取方式，而在青藏高原小尺度区域的精细化河湖系统建模中则综合运用GNSS RTK、无人机、船载测深系统协同获取DEM数据。更进一步，结合GNSS星站差分技术，基于建立的统一空间基准，实现了多源DEM数据集成融合与协同应用，为青藏高原河湖系统建模与演变分析研究提供基础数据支持。

3 基于数学形态学的内流区湖泊水文连通性建模方法

青藏高原内流区约占整个高原面积的 1/3，拥有超过 66%的高原湖泊总面积和 55%的湖泊总个数，是亚洲水塔的关键核心区域。随着全球气候变暖，内流区湖泊面积进一步扩张，原本互不相关的湖泊可能产生水力连接，进而改变内流区的水循环过程。内流区地表水循环只在具有水力连接的湖泊之间进行，因此，对内流区水文系统需重点关注湖泊的水文连通性，它是评估内流区水储量能力、认识水资源系统演变规律的基础。

当前内流区湖泊水文连通性建模中存在的难点，一是缺少湖泊连通性的数学表达模型，二是缺少湖泊连通性建模的自动化算法。本章通过引入测地数学形态学理论与方法，从基于测地重建的 DEM 洼地填充、区域增长的 DEM 湖泊识别、标记控制的分水岭提取和改进 Priority-flood 的湖泊漫溢级联结构计算等方面，对青藏高原内流区湖泊的水文连通性进行数学建模、拓扑分析与可视化，以期更好地认识全球变暖下青藏高原河湖系统中内流区湖泊子系统的水文演变特征。

3.1 数学形态学原理

3.1.1 数学形态学基础

数学形态学(Mathematical Morphology)是建立在集合论、拓扑学、随机几何、格点理论、非线性偏微分方程之上的信号处理方法，其基本思想是利用携带了方向、大小、色度等先验知识的结构元素(Structural Element)对信号进行探测分析。数学形态学具有坚实、严谨的数学理论和简洁朴素而又统一的基本思想，是数字图像处理分析的重要工具。近年来，数学形态学与其他学科交叉融合，促进了其基础理论的完善与扩张，应用场景拓展到机器视觉、航空遥感[140]、军事科学等多个领域，并且不断地发展和扩大。

数学形态学从集合的角度刻画和分析图像信号。根据图像信号类型，可分为二值形态学(Binary Morphology)和灰度形态学(Gray Scale Morphology)。前者是将二值图像看成像元的集合，利用结构元素在图像范围内平移，并施加交、并运算来提取图像信息。后者的处理对象为灰度图像的像元集合，类似二值图像的形态学处理，将交、并运算替换为最大、最小极值。

1. 格网系统与结构元素

一幅数字图像由有限的像素集合构成，数学形态学计算基于图像的邻域进行运算，格网定义了构成图像的每个像素的邻域像素，在二维的数学形态学中，有4-邻域、6-邻域和8-邻域三种，应用最广的是4-邻域（见图3-1(a)）和8-邻域（见图3-1(b)）。

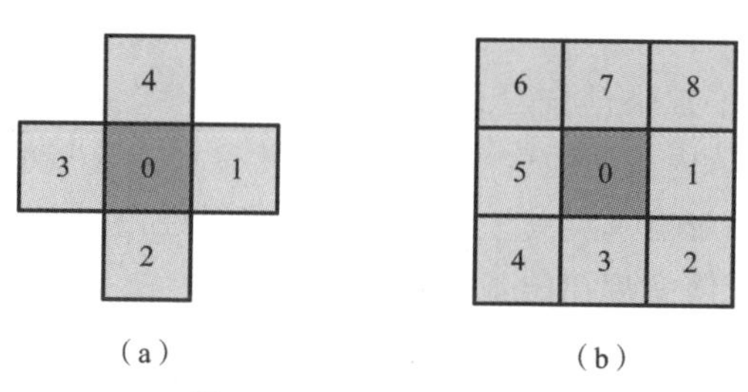

图3-1 形态学中的邻域

结构元素(Structural Element)是二值图像中分析图像的模板，表示在处理某个像素时有哪些周围像素参与运算。常见的结构元素有圆形、正方形或十字形结构元素。

2. 二值图像的腐蚀与膨胀

数学形态学中的腐蚀与膨胀是最基本的运算，其他变换如开运算、闭运算等是由这两种变换组合而成的。膨胀运算（式(3.1)）使边界向内部收缩而消除物体的所有边界点，如图3-2(a)所示。腐蚀运算（式(3.2)）则将与物体接触的背景点合并到该物体之中使物体的范围增大，如图3-2(b)所示。由此可见，腐蚀与膨胀能达到对图像去噪和细化的目的。

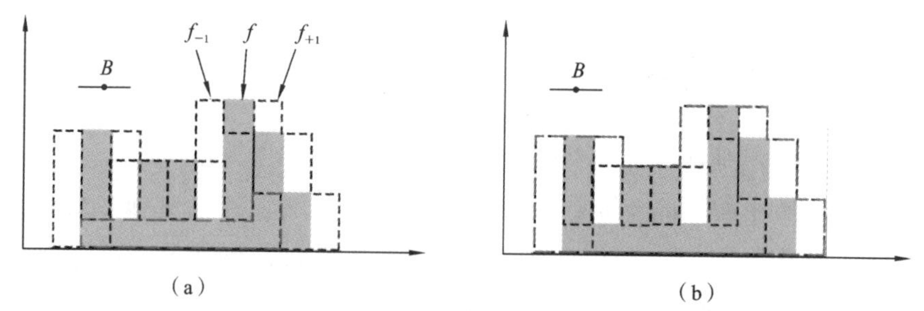

图3-2 一维信号的腐蚀与膨胀运算过程

图例 B 结构元素　f 原始一维信号　f_{+1} 右移1个单位　f_{-1} 左移1个单位　--运算结果

注：结构元素 $B=\{-1,0,1\}$，灰色实心多边形是原始一维信号 f，黑色虚线表示 f 左移1个单位，记为 f_{-1}；虚线表示右移1个单位，记为 f_1；实线是形态学腐蚀（图(a)）和膨胀（图(b)）的计算结果。

用结构元素 B 膨胀二值图像 X 的定义为：

$$\delta_B(X)=X\oplus B=\{x+b \mid x\in X,b\in B\} \tag{3.1}$$

同理，用结构元素 B 腐蚀二值图像 X 的定义为：

$$\varepsilon_B(X)=X\ominus B=\{p\in E \mid B_p\subseteq X\} \tag{3.2}$$

灰度图像由一系列二值图像叠加而成，是二值形态学的进一步扩展。为便于叙述，首先定义图像的平移操作。设有灰度图像 f，将其沿着向量 b 移动就会产生一个新的灰度图像 f_b，则 f_b 的计算公式为：

$$f_b(x)=f(x-b) \tag{3.3}$$

对于灰度图像 f，B 是结构元素，则 B 对 f 形态学的腐蚀和膨胀分别定义如下：

$$[\varepsilon_B(f)](x)=\min_{b\in B} f(x+b) \tag{3.4}$$

$$[\delta_B(f)](x)=\max_{b\in B} f(x+b) \tag{3.5}$$

上述式中，min 表示取下确界，即逐点取最小运算符；max 表示取上确界，即逐点取最大运算符。这里的结构元素 B 同样采用二维的平面图像模式。

由于灰度图像的范畴更广，栅格 DEM 数据也是一种广义的灰度图像，因此可将灰度数学形态学的方法引入 DEM 数据处理的分析中。Soille Pierre 在这方面做了大量工作，建立了完整的面向数学形态学的 DEM 数学理论与方法体系[144,145]。

3.1.2 测地数学形态学

1. 测地线

测地线（Geodesic）表示曲面上两点之间的最短路径，是直线在弯曲空间中的推广。在数学形态学中，测地线运算是指某一算子受到一些外部约束控制[146]。测地线变换涉及标记图像和掩膜图像，它们的图像大小和定义域相同，且掩膜图像的每个像素值不小于标记图像对应的同名像素的数值。测地线变换包括测地膨胀、测地腐蚀以及测地重建。基本过程为：将基于各向同性的结构元素的腐蚀或者膨胀算子施加到第一幅图像（标记图像，用 Marker 表示）中，然后截取其保留在第二幅图像（掩膜图像，用 Mask 表示）上方或者下方的图像，掩膜图像限制标记图像的膨胀或收缩的界线范围。

2. 测地膨胀

标记图像 f，掩膜图像 g，其定义域相同（$D_f=D_g$ 并且 $f\leqslant g$），标记图像 f 关于掩膜图像 g 的 1 次测地膨胀记作 $\delta_g^{(1)}(f)$。

$$\delta_g^{(1)}(f)=\delta^{(1)}(f)\wedge g \tag{3.6}$$

测地膨胀具有扩张性，但掩膜图像会限制标记图像的膨胀蔓延过程，并且在逐点最小化操作符的作用下，测地膨胀具有结果图像小于或等于掩膜图像的性质，即

$$\delta_g^{(1)}(f) \leqslant g \tag{3.7}$$

标记图像 f 关于掩膜图像 g 的 n 次测地膨胀记作 $\delta_g^{(n)}(f)$，它由 1 次测地膨胀逐步迭代计算而来，计算公式为：

$$\delta_g^{(n)}(f) = \delta_g^{(1)}[\delta_g^{(n-1)}(f)] \tag{3.8}$$

3. 测地腐蚀

当 $f \geqslant g$ 且其定义域相同时，标记图像 f 关于掩膜图像 g 的 1 次测地腐蚀记为 $\varepsilon_g^{(1)}(f)$，计算公式为：

$$\varepsilon_g^{(1)}(f) = \varepsilon^{(1)}(f) \vee g \tag{3.9}$$

标记图像 f 相对于掩膜图像 g 的 n 次测地腐蚀等价于 f 对 g 进行 n 次测地腐蚀：

$$\varepsilon_g^{(n)}(f) = \varepsilon_g^{(1)}[\varepsilon_g^{(n-1)}(f)] \tag{3.10}$$

其中，当 $n=0$ 时，$\varepsilon_g^{(0)}(f) = f$。

4. 测地重建

测地重建是指有界图像经过有限次数的测地变换迭代计算后总会收敛，直到标记图像的扩张或者收缩完全被掩膜图像阻止。如果继续循环迭代，标记图像的像素值也不再发生改变。测地重建包括膨胀重建和腐蚀重建。

从标记图像 f 中对掩膜图像 $g(f \ll g)$ 执行膨胀重建直到结果收敛，表示为：

$$R_g^{\delta}(f) = \delta_g^{(i)}(f) = \delta_g^{(i-1)}(f) \wedge g \tag{3.11}$$

式中，i 为满足收敛条件 $\delta_g^{(i)}(f) = \delta_g^{(i+1)}(f)$ 时的迭代次数。膨胀重建具有增长性、无扩展性、幂等性。

同理，从标记图像 f 中对掩膜图像 $g(f \gg g)$ 的执行腐蚀重建直到结果收敛，表示为：

$$R_g^{\varepsilon}(f) = \varepsilon_g^{(i)}(f) = \varepsilon_g^{(i-1)}(f) \vee g \tag{3.12}$$

式中，i 是满足收敛条件 $\varepsilon_g^{(i)}(f) = \varepsilon_g^{(i+1)}(f)$ 迭代的次数。

3.1.3 影响区域与骨架线

1. 测地线距离

如图 3-3 所示，设 A 为连通集，两点 p 与 q 的欧氏距离是连接它们之间的直线距离，对应图 3-3 中的黑色虚线部分。从图上可以看出其部分像素超出了

集合 A 的范围；测地线距离 $d_A(p,q)$ 表示集合 A 中连接两点 p 和 q 间路径 $P=(p_1,p_2,\cdots,p_l)$ 长度的最小值：

$$d_A(p,q)=\min\{L(P)\mid p_1=p,p_l=q,P\subseteq A\} \tag{3.13}$$

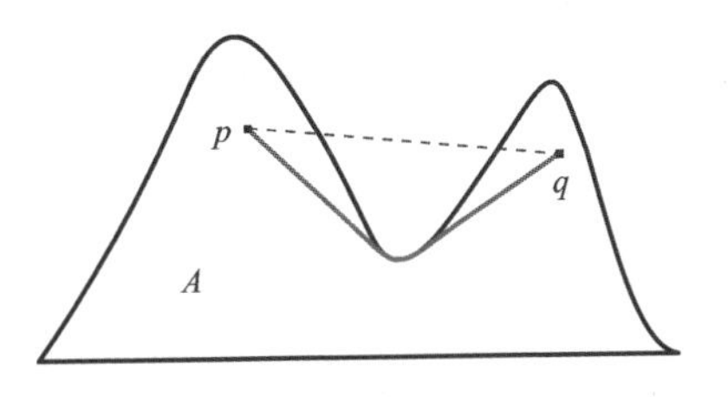

图 3-3　欧氏距离与测地线距离

在图 3-3 所示中，测地线距离 $d_A(p,q)$ 对应实线，集合 A 被称为测地线掩膜。p 和 q 之间存在多条路径，其中长度最短的连接线才是测地线。当然，如果集合 A 的各个子集并不连通，假如 p 和 q 分别属于集合 A 中两个非连通的子集，则其测地线距离为无穷大值。测地线距离满足距离的正定性、对称性和三角不等式。由此可见，两点间的测地线距离和测地线路径取决于掩膜图像的形状以及这两点的位置。一般地，凸形掩膜的测地线距离等价于欧氏距离。

2. 测地线时间

测地线距离是指基于测地掩膜图像连通已知两个点之间的像素计数。测地线距离适用于二值图像。对灰度图像而言，利用测地线时间来统计测地线经过的各像素的灰度值。对灰度图像或可积函数 f 的定义域上定义的路径 P，测地线时间(Geodesic Time)是指遍历路径 P 上各像素值累积求和，即沿路径 P 对 f 进行积分，记为 $T_f(P)$，其表达式为：

$$T_f(P)=\int_P f(s)\mathrm{d}s \tag{3.14}$$

灰度图像中两个像素 p 和 q 的测地线时间 $T_f(p,q)$ 是指连通这两个像素的路径 $P(p_1,p_2,\cdots,p_l)$ 中测地线时间的最小值，表示为：

$$T_f(p,q)=\min\{T_f(P)\mid p_1=p,p_l=q,P\subseteq f\} \tag{3.15}$$

对于图 3-4 所示，灰度图像尺寸为 5×7 像素，B4 和 E3 之间的测地线时间是沿路径 B4、C4、D3、E3 经过的格网值求和，并且该路径的首末格网值取半，因此，计算结果为 25。由此可见，测地线时间是二值图像中测地线距离概念在灰度图像中的拓展。

	A	B	C	D	E	F	G
1	16	16	15	14	12	6	12
2	14	13	10	12	15	17	14
3	15	15	9	11	6	15	15
4	16	6	8	16	15	7	6
5	19	18	20	18	19	15	14

图 3-4　灰度图像中两点间的测地线时间

3. 影响区域

基于测地线时间可以将二值形态学中的腐蚀和膨胀概念推广到灰度掩膜图像上。

设 X 是定义域为 D_f 的灰度图像 f 上的像素集。像素集 X 对于 f 的 n 次测地线膨胀记作 $\delta_f^{(n)}(X)$，表示定义域 D_f 上点集

满足其到 X 的测地线时间小于等于 n。

$$\delta_f^{(n)}(X)=\{p\in D_f \mid \tau_f(p,X)\leqslant n\} \tag{3.16}$$

同样地，灰度图像 f 上点集 X 的 n 次测地线腐蚀表示为 $\varepsilon_f^{(n)}(X)$，表示 X 上的点集满足其到 X^c 的测地线时间大于或等于 n。

$$\varepsilon_f^{(n)}(X)=\{p\in X \mid \tau(p,X^c)\geqslant n\} \tag{3.17}$$

设 X 由 N 个不连续的子集 X_i 组成，连通部分的测地线影响区域表示为：

$$\mathrm{IZ}_f(X_i)=\{p\in D_f \mid \forall i\neq j, \tau_f(p,x_i)<t_f(p,x_j)\} \tag{3.18}$$

f 中 X 的影响区用 $\mathrm{IZ}_f(X)$ 表示，并定义为 X 的所有连通部分的影响区域的并集。这些影响区的边界称之为影响区域骨架线，用符号表示为 $\mathrm{SKIZ}_f(X)$。在图 3-5 所示中，3 个子集对应的骨架线 SKIZ 对应图中的实线。

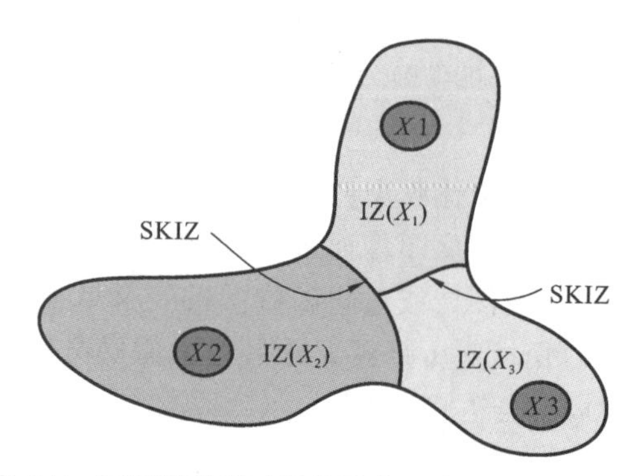

图 3-5　基于测地线时间的影响区域、骨架线示意图

3.2　数学形态学视角下的 DEM 水文建模方法

在流域 DEM 数据上采用 GIS 技术构建数字水系模型并提取流域水文特征参数，是进行分布式水文模拟的工作基础，广泛应用于土壤侵蚀、地貌演化、洪水演进、径流预测等众多领域。传统基于 GIS 的水文建模方法在虚假洼地消除、平坦区域处理、真实闭合洼地保留等方面存在短板，且对海量 DEM 数据格网水文建模时的效率极其低下。上一节介绍了数学形态学在图像处理中具有独特优势，本节利用数学形态学方法对 DEM 数据进行处理，研究 DEM 水文建模与分析中存在的问题。

3.2.1　基于测地重建的 DEM 洼地填充

DEM 中的洼地是指 DEM 中不存在非上升的、与边界连通的像素集合，通常是 DEM 中的区域最小值。在基于 DEM 的数字河网提取中，广泛采用的洼地去除方法是将虚假洼地填平直到溢出，例如最早出现的滑动平均方法[70,147]。数学形态学提供了完整的洼地填充算法框架，即使存在嵌套洼地和真实的自然洼地，也能得到有效处理。

基于形态学的 DEM 洼地填充采用测地腐蚀重建进行定义，用运算符号 FILL 表示。设掩膜图像为原始 DEM，记为 f；标记图像为 f_m，其边界像素与原始 DEM 数据 f 相等，非边界像素的值统一设置为原始 DEM 数据 f 中像素最大值 $h_{\max}$，则填洼表示为：

$$\mathrm{FILL}(f)=R_f^{\varepsilon}(f_m) \tag{3.19}$$

其中，当 x 位于 DEM 边界上时，有：

$$f_m(x)=f(x) \tag{3.20}$$

否则：

$$f_m(x)=h_{\max} \tag{3.21}$$

一维原始信号 f 和标记图像信号 f_m 分别如图 3-6(a)所示，经过形态学腐蚀重建后，位于原始信号内的洼地均被填平，如图 3-6(b)所示。

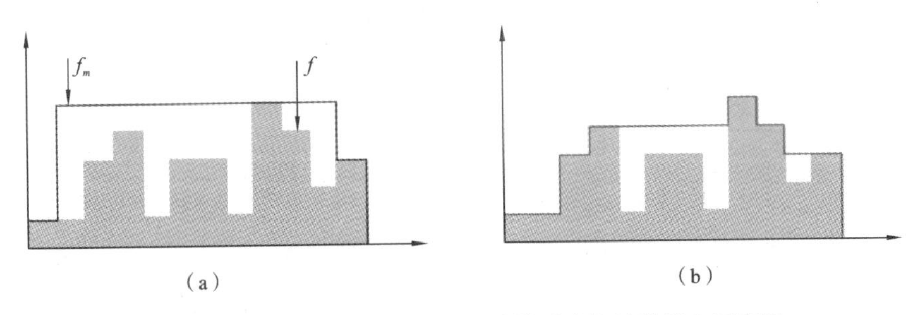

图 3-6　基于一维信号形态学腐蚀的重建洼地的填充示意图

图例 f 原始一维信号　f_m 标记图像信号　——腐蚀重建结果

图 3-7 描述了 DEM 腐蚀重建消除洼地的方法。其中标记 DEM(见图 3-7(b))由原始 DEM(见图 3-7(a))计算获得，除边界外其他格网高程均设置为最大值(见图 3-7(b)，区域赋值为 65)。

具体过程为：从标记 DEM 非边界像元开始，按从左到右、从上到下的顺序遍历每一个格网，依次进行测地腐蚀计算。具体地，将标记 DEM 中心网格的 8 邻域的最小值与原始 DEM 对应的网格高程进行比较，取两者的较大值并赋值给中心网格，当全部格网遍历完成后，则测地腐蚀重建结束。图 3-7(c)至图 3-7(k)展示了整个计算过程。从图上可看出，原始 DEM 中洼地格网 C3 的高程值由 58 抬升到 59，如图 3-7(k)所示。可见洼地被正确填充形成了无洼地的 DEM。

	1	2	3	4	5
A	62	63	63	63	65
B	61	59	60	60	63
C	58	59	58	62	63
D	58	60	60	60	62
E	59	59	59	59	62

（a）原始DEM

	1	2	3	4	5
A	62	63	63	63	65
B	61	65	65	65	63
C	58	65	65	65	63
D	58	65	65	65	62
E	59	59	59	59	62

（b）标记DEM

	1	2	3	4	5
A	62	63	63	63	65
B	61	59	65	65	63
C	58	65	65	65	63
D	58	65	65	65	62
E	59	59	59	59	62

（c）处理B2：65→59

	1	2	3	4	5
A	62	63	63	63	65
B	61	59	60	65	63
C	58	65	65	65	63
D	58	65	65	65	62
E	59	59	59	59	62

（d）处理B3：65→60

	1	2	3	4	5
A	62	63	63	63	65
B	61	59	60	60	63
C	58	65	65	65	63
D	58	65	65	65	62
E	59	59	59	59	62

（e）处理B4：65→60

	1	2	3	4	5
A	62	63	63	63	65
B	61	59	60	60	63
C	58	59	58	65	63
D	58	65	65	65	62
E	59	59	59	59	62

（f）处理C2：65→59

	1	2	3	4	5
A	62	63	63	63	65
B	61	59	60	60	63
C	58	59	59	65	63
D	58	65	65	65	62
E	59	59	59	59	62

（g）处理C3：65→59

	1	2	3	4	5
A	62	63	63	63	65
B	61	59	60	60	63
C	58	59	59	62	63
D	58	65	65	65	62
E	59	59	59	59	62

（h）处理C4：65→62

	1	2	3	4	5
A	62	63	63	63	65
B	61	59	60	60	63
C	58	59	59	62	63
D	58	60	65	65	62
E	59	59	59	59	62

（i）处理D2：65→60

	1	2	3	4	5
A	62	63	63	63	65
B	61	59	60	60	63
C	58	59	59	62	63
D	58	60	60	65	62
E	59	59	59	59	62

（j）处理D3：65→60

	1	2	3	4	5
A	62	63	63	63	65
B	61	59	60	60	63
C	58	59	59	62	63
D	58	60	60	60	62
E	59	59	59	59	62

（k）处理D4：65→60

图 3-7　基于测地腐蚀重建的 DEM 填洼过程

基于测地腐蚀重建的 DEM 填洼算法能够消除虚假洼地，并且只需要遍历一次 DEM 格网，内存消耗小，算法效率极高。但是真实的洼地地形如湖泊可能会被错误处理，需要对处理结果进行干预以获得正确的填洼结果。此外，洼地填平后造成了新的平坦区域，不利于 D8 算法确定流向。改进方法是在抬升洼地格网时，施加一个极小增量来消除 DEM 填洼形成的平地。

3.2.2 基于区域生长的 DEM 平地检测方法

平地是 DEM 中比较常见的一种形态，例如在上节 DEM 洼地填充后会产生平地，平坦地形条件下 DEM 中也存在大面积平地，卫星遥感衍生的 DEM 湖泊水面也是平地。在水文建模中，DEM 中的平地会导致格网流向无法确定，对水文建模是一种“病态”单元，通常需要采用技术手段进行消除。因此 DEM 平地检测是水文建模中数据预处理的必要步骤之一。

区域生长(Region Growing)算法是形态学中提取满足特定准则的、彼此连通的像素集合来构成区域的方法。从形态学视角来看，DEM 中的平地是指相互连通的具有相同高程值的像元集合区域，因而可以采用区域生长算法检测平地。区域生长算法主要利用栈(Stack)来实现。栈是一种先进后出的特殊线性表，它只允许在栈顶插入和弹出元素，其运算包括压栈(Push)和弹栈(Pop)，压栈是指将 DEM 中的像元压入栈顶，弹栈则是将栈顶元素弹出。

基于区域增长的平地检测算法引入了两个栈数据结构，分别记为 A 和 B。其中栈 A 存储种子像元，栈 B 存储已确定的连通区域像元，外加一个数组 C 存储种子像元的邻域像元。除此之外，采用一个与 DEM 同维度的二维标记矩阵，记录每个像元的处理状态。平地检测算法遵循从左到右、从上到下的 DEM 格网遍历原则，从 DEM 的左上角开始计算。具体步骤如下。

步骤 1 选择 DEM 中尚未处理的像元，将其同时压入栈 A、栈 B 进行初始化，在标记矩阵中设置该像元为已处理状态。

步骤 2 若栈 A 不为空，从栈 A 弹出一个像元作为种子点；否则，转向步骤 4。

步骤 3 采用广度优先搜索算法，以种子点为中心，按顺时针方向逐一遍历该种子点 8 邻域内的像元，并将尚未处理的邻域像元存入数组 C 中。

步骤 3-1 判断数组 C 是否为空。

步骤 3-2 如果数组 C 不为空，则弹出数组 C 中的一个邻域像元。如果该邻域像元与种子像元的高程值相等，则将该像元同时压入栈 A 和栈 B，并在标记矩阵中设置这个邻域像元为已处理状态；否则，转向步骤 3-1。

步骤 3-3 如果数组 C 为空，则表示种子点的 8 邻域遍历结束，转向执行步骤 2。

步骤 4 若栈 A 为空，则判断栈 B 中的像元数量是否小于给定阈值(默认为 1)。若满足前述条件，则表示没有找到平地；否则表示找到了平地，标记栈 B 中的所有像元为平地，并给这些像元赋予唯一的平地编号。

步骤 5 清空栈 B，转向步骤 1。

当整个 DEM 遍历完成后，则基于区域生长的平地检测的运算结束。

3.2.3　基于淹没模拟的分水岭变换

1. 分水岭的概念

分水岭变换建立于数学形态学理论基础之上，是一种基于区域的图像分割方法，用于获得单像素宽、封闭边界的目标区域。分水岭变换算法的用途十分广泛，在医学上用于组织细胞分割、核磁共振图像分割；在智能交通上用于车辆跟踪、道路识别。

分水岭变换通过模拟地形淹没过程而实现。首先，灰度图像被视为具有山脊和山谷的地形表面，高程值由相应像素的灰度值或其梯度大小来定义。图像中的每一个极小值都代表一个集水盆地。假设在地形表面的每个区域最小值上都打一个小孔，然后将表面缓慢浸入水中。从最小高程值开始淹没，水将逐渐填充所有的集水盆地。进一步沉浸，当两个集水盆地即将汇合时，可在要交汇处建起高坝以阻止其融合。洪泛过程结束后，每个最小值的区域都将被堤坝围绕，并划定了与其相关的集水盆地，整套水坝构成了相应的分水岭。基于前述淹没过程，分水岭变换将图像分割为积水盆地，每个集水盆地包含其最陡下降路径，终止于该最小值的所有像素。因此，分水岭变换是将每个像素划定给一个集水盆地的过程，从而使得整个图像完全分割为由分水岭彼此分开的区域。

分水岭变换是一个非常强大的分割工具。实际上，只要已对输入图像进行了转换以输出其最小标记相关图像对象并且其脊线对应于图像对象边界的图像，则分水岭转换会将图像划分为有意义的区域。

2. 基于淹没模拟的分水岭变换

前述淹没模拟分水岭变换的数学形态学计算过程描述如下。

定义域为 D_f 的灰度图像 f，区域最小值为 $h_{\min}$，区域最大值为 $h_{\max}$，给定最小值 M 对应的集水盆地记作 $CB(M)$，构成该集水区的点集由高程值小于或等于 h 的点组成，记作 $CB_h(M)$，则有：

$$CB_h(M)=\{p\in CB(M)\mid f(p)\leqslant h\}=CB(M)\cap T_{t\leqslant h}(f) \tag{3.22}$$

式中，$T_{t\leqslant h}(f)$ 表示阈值算子，位于阈值区间内的灰度设置为 1，否则为 0，相当于二值化运算。计算公式为：

$$[T_{[t_i,t_j]}(f)](x)=\begin{cases}1 & 当\ t_i\leqslant f(x)\leqslant t_j\ 时\\ 0, & 其他\end{cases} \tag{3.23}$$

高程值为 h 的子流域 X_h 由所有灰度值小于或等于 h 的集水盆地合并而成，计算公式为：

$$X_h = \bigcup_i CB_h(M_i) \tag{3.24}$$

通过模拟洪水抬升过程逐步建立集水盆地，最先被水浸没的像素是灰度值最小的点，即图像中的区域最小值，等价于 $X_{h_{\min}}$。

$$X_{h_{\min}} = T_{h_{\min}}(f) = \mathrm{RMIN}_{h_{\min}}(f) \tag{3.25}$$

$X_{h_{\min+1}}$ 根据水位上升至 $h_{\min+1}$ 时的淹没情况进行计算，或者继续扩张原来已达流域的边界，或者淹没产生新的最小值为 $h_{\min+1}$ 的流域子集。如图 3-8 所示，Y 与 $T_{t\leqslant h_{\min+1}}(f)$ 连通部分和 Y 与 $X_{h_{\min}}$ 存在三种隶属关系。

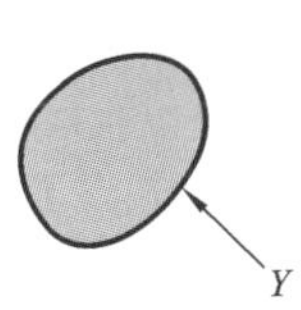

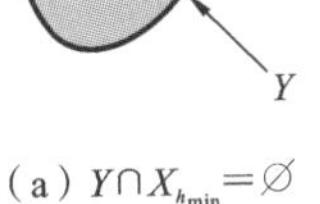
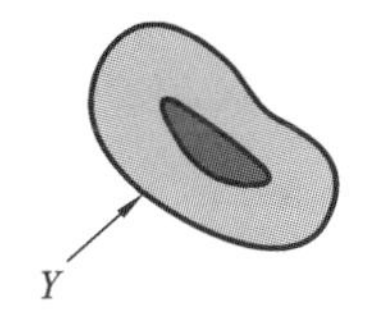

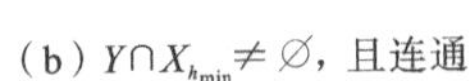
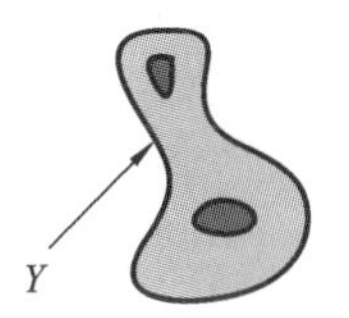

(a) $Y\cap X_{h_{\min}}=\varnothing$　　(b) $Y\cap X_{h_{\min}}\neq\varnothing$，且连通　　(b) $Y\cap X_{h_{\min}}\neq\varnothing$，且不连通

图 3-8　灰度图像在淹没过程中相邻灰度级之间的包含关系

(1) $Y\cap X_{h_{\min}}=\varnothing$，$Y$ 是 f 上 $h_{\min+1}$ 新的区域极小值：

① $\forall p\in Y,\begin{cases} p\notin X_{h_{\min}} \Rightarrow f(p)\geqslant h_{\min+1}, \\ p\in Y \Rightarrow f(p)\leqslant h_{\min+1}。\end{cases}$

② $\forall p\in \delta^{(1)}(Y)\backslash Y,\quad f(p)>h_{\min+1}$。

(2) $Y\cap X_{h_{\min}}\neq\varnothing$ 且连通时，Y 对应隶属于集水盆地的像素，该像素是 $Y\cap X_{h_{\min}}$ 的最小值，并且灰度级小于等于 $h_{\min}$。

$$Y = CB_{h_{\min+1}}(Y\cap h_{\min}) = IZ_Y(Y\cap X_{h_{\min}})$$

(3) $Y\cap X_{h_{\min}}\neq\varnothing$ 且不连通时，$h_{\min}$ 由不连通的多个子集构成，但都被 Y 包含，依次记为 $Z_1, Z_2, \cdots, Z_k$。对任一选择的 Z_i，$CB_{h_{\min+1}}(Z_i)$ 对应于集合 Y 中 Z_i 的测地线影响区域：

$$CB_{h_{\min+1}}(Z_i) = IZ_Y(Z_i)$$

图 3-8(b)和图 3-8(c)所示两种隶属关系表示水流已经到达该集水盆地区，它的淹没扩张可用测地线影响区域来表示，即 $T_{t\leqslant h_{\min+1}}$ 中 $X_{h_{\min}}$ 的影响区域。

综合上述分析，$X_{h_{\min+1}}$ 定义为新发现区域最小值的测地线影响区域的并集，用公式表示为：

$$X_{h_{\min+1}} = \mathrm{RMIN}_{h_{\min+1}}(f) \cup IZ_{T_{t\leqslant h_{\min+1}}(f)}(X_{h_{\min}}) \tag{3.26}$$

一旦所有高度的水位淹没，灰度图像 f 的集水盆地集合就等价于集合 $X_{h_{\max}}$。递归计算式为：

$$h_{\min} = T_{h_{\min}}(f)$$

$$\forall h \in [h_{\min}, h_{\max-1}], X_{h+1} = \mathrm{RMIN}_{h+1}(f) \cup \mathrm{IZ}_{T_{t \leqslant h+1}(f)}(X_h)$$

灰度图像的集水盆图像 CB 被表示为标记图像，由此每个被标记的区域对应输入图像区域最小值的集水盆地。图像 f 的分水岭 WS 对应 f 的集水盆地的边界。

3. 基于广义测地线的定义

灰度图像的集水盆地是图像区域最小值的影响区域。因此，DEM 中分水岭是格网高程最小值的影响区域骨架线。根据测地形态学的概念，可以使用广义大地测地线的概念描述。

首先将图像 f 中的区域最小值 RMIN 赋值为影像最小值 $h_{\min}$，生成的图像记为 f'：

$$f' = \begin{cases} h_{\min}, & \text{当 } p \in \mathrm{RMIN}(f) \\ f(x), & \text{其他} \end{cases} \tag{3.27}$$

$$f' = T_{\rho^-(f')}[\mathrm{RMIN}(f)] \tag{3.28}$$

式中，$\rho^-(f')$ 表示内梯度，是指原图像与腐蚀后的图像的差值，计算公式为：

$$\rho^-(f') = f' - \varepsilon_{f'} \tag{3.29}$$

分水线 WS(f)的计算公式为：

$$\mathrm{WS}(f) = \mathrm{SKIZ}_{\rho^-(f')}[\mathrm{RMIN}(f)] \tag{3.30}$$

集水区 CB(f)的计算公式为：

$$\mathrm{CB}(f) = \mathrm{IZ}_{\rho^-(f')}[\mathrm{RMIN}(f)] \tag{3.31}$$

来自两个不同极小值的波前相交点定义了原始灰度图像的分水岭。

3.2.4 标记控制的 DEM 分水岭变换

1. DEM 分水岭变换

基于淹没模拟的分水岭变换存在易受到噪声干扰和严重过分割问题，通过后处理或前处理来减少过分割。后处理是在对图像施加分水岭变换之后，依设定准则递归地合并相邻区域，但存在计算耗时长、合并运算终止条件不明确等缺点。前处理通过引入控制符对图像事先进行标记后变换，合理选择标记能有效地解决过分割问题，该方法称为基于标记控制的分水岭变换。图像中存在的虚假极小值也会引起过分割问题，如图 3-9 所示。一般先执行图像滤波函数消除无关的极小值。标记控制分割使变换图像的分水岭对应于有意义的目标对象边界，控制标记既可通过用户交互式地确定，也可依据指定规则自动提取。

为选取有效的控制标记，利用特征检测从图像中提取对象标记，根据目标对象的属性特点和先验知识，例如图像极值点、平坦区域、同质纹理区域等，赋予不

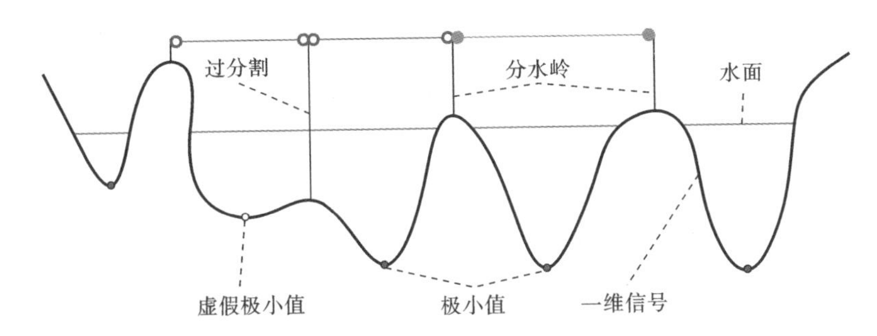

图 3-9 一维信号的形态学过分割

同的控制标记。控制标记划定的区块可以是单一像元或者连通的大片对象区域。每个区域需要一个标记,因为在标记和最终分区的段之间将有一对一的对应关系。然而,如果由每个标记所标记的对象类别是已知的,则可以为每个图像对象考虑相同类别的多个标记。标记的大小可以从一个唯一的像素到一个大的像素连接组件。在处理有噪声的图像时,大标记的性能比小标记的更好。分割函数的确定基于对象边界的定义模型。例如,如果图像对象被定义为具有相当恒定灰度值的区域,则形态梯度算子将增强对象边界。如果图像对象是同质纹理区域,则应考虑高亮显示两个纹理之间过渡的操作符。将对象标记施加到分割函数中,通过分水岭变换得到目标边界。在图 3-10 所示中,将 DEM 中的平坦区域作为控制标记,对 DEM 进行形态学分割,得到每个湖泊对应的分水岭分割结果。

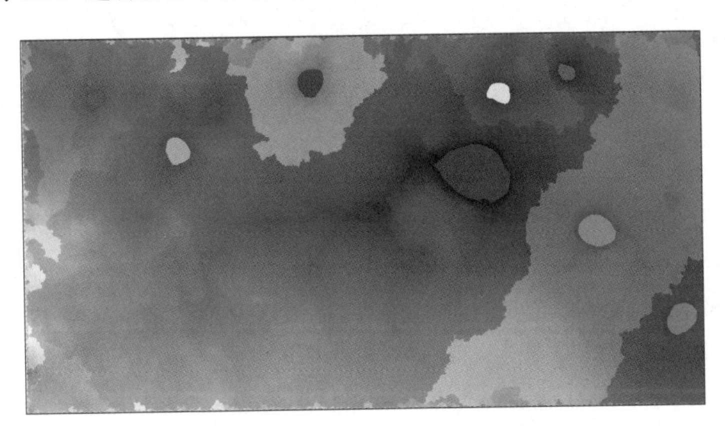

图 3-10 基于湖泊标记的 DEM 形态学分割

2. Priority-flood 水文建模算法

传统 DEM 水文分析是基于 3×3 的邻域栅格运算来确定水流方向,忽视了流域整体地形特征。Priority-flood 算法最早由 Ehlschlaeger 于 1989 年提出,它模拟人类认知和行为过程，从宏观视角对流域结构和水文特征进行提取和分析[78]。L. Wang and H. Liu[77]针对浮点型DEM提出了改进算法；R. Barnes, et al.[78]回顾了算法的发展历史过程，并给出了算法的具体细节和实现源代码。

Priority-flood算法与基于淹没模拟的分水岭变换思想一致，通过从最低点抬升水面使得栅格单元被淹没，其过程是水流自地表高处流向低处的逆过程。格网溢出高程是Priority-flood算法的关键，是指将格网抬升至最小高程，使其存在非上升的连接到DEM边界的可达路径。Priority-flood算法的核心数据结构是优先队列。优先队列根据格网的溢出高程进行排序，高程值越小，优先级越高。首先从DEM的边界开始，按照其溢出高程的升序逐一处理边界格网及其邻居格网，该算法持续到优先级队列为空。Priority-flood算法可应用于整数或浮点数，算法复杂度低，计算效率极高。而优先队列有多种实现方式，例如在C++标准模板库(STL)中封装了优先队列的实现代码，故易于编码实现。

自Priority-flood算法发布以后，大量学者又进行了各种改进，进一步提高了算法效率。由于优先队列在每次添加栅格格网时，触发排序操作，而优先队列的排序是非常耗时的。因此，减少进入优先队列的元素成为提高算法空间复杂度和时间复杂度的关键。R. Barnes, et al.[78]利用优先队列存储洼地像素，在W&L算法[77]的基础上极大地提高了计算效率，而G. Zhou, et al.[148]通过进一步研究发现了潜在溢出格网才需要进入优先队列进行排序，但其在整个DEM中的比例极小，其他格网只需要用先进先出队列来管理，通过这一改进显著减少了优先队列的排序元素数量，相比之下算法效率提升了44.6%。

Priority-flood算法具有效率高、支持海量栅格格网、适用于浮点型和整型DEM等一系列优点，广泛应用于洼地填平、平地垫高、流向计算、分水岭标识等。随着算法的深入研究，开发出了多种并行计算版本，进一步促进了方法的应用。

3. 基于标记控制的Priority-flood分水岭分割

Priority-flood算法从DEM边界开始，其实是利用其隐含的流向宏观信息，即高程越低且越在DEM外层的栅格单元成为局部汇点的概率越高，保证了流向在宏观地形的正确性[76]。因此，常规的Priority-flood算法的默认前提是每个DEM内部格网都可以通过非上升的连接路径与DEM边界相通，也就是说，如果DEM内部有水流，则其一定是流向DEM边界。因此，常规的Priority-flood算法适用于外向流域的各种水文分析，而内流区水流并不一定流向DEM边界。针对内流区的地形特征，采用基于Priority-flood算法进行洼地填充时，会填充内流区域的湖泊洼地等真实地貌，从而产生错误的结果。

针对常规的Priority-flood算法缺陷，结合标记分水岭变换思想对其进行改进。关键步骤是将 DEM 内部需要保留的成片格网进行标记，连同 DEM 边界的格网一起加入优先队列中，随后按常规 Priority-flood 算法进行迭代计算，直到优先队列为空，运算结束。标记的选择策略在 3.2.4 节已有阐述。

以基于 Priority-flood 进行一维信号分水岭标记为例，图 3-11(a)所示是常规 Priority-flood 算法，只有边界格网 A 与 M 进入优先队列，通过分水岭标记算法，内部洼地被填平，最后被标记为分水岭 M，见图 3-11(b)。图 3-11(c)所示是基于改进的方法，它增加了标记控制 C 和 H，因此有 4 个格网进入优先队列，最终分水岭被标识为 3 部分，并且内部洼地 C 和 H 都得到保留，这样更加符合实际情况，如图 3-11(d)所示。由此可见，基于标记控制的 Priority-flood 分水岭变换算法能够用来解决内流区湖泊分水岭的提取，下一节将利用本方法对青藏高原内流区的湖泊分水岭进行建模。

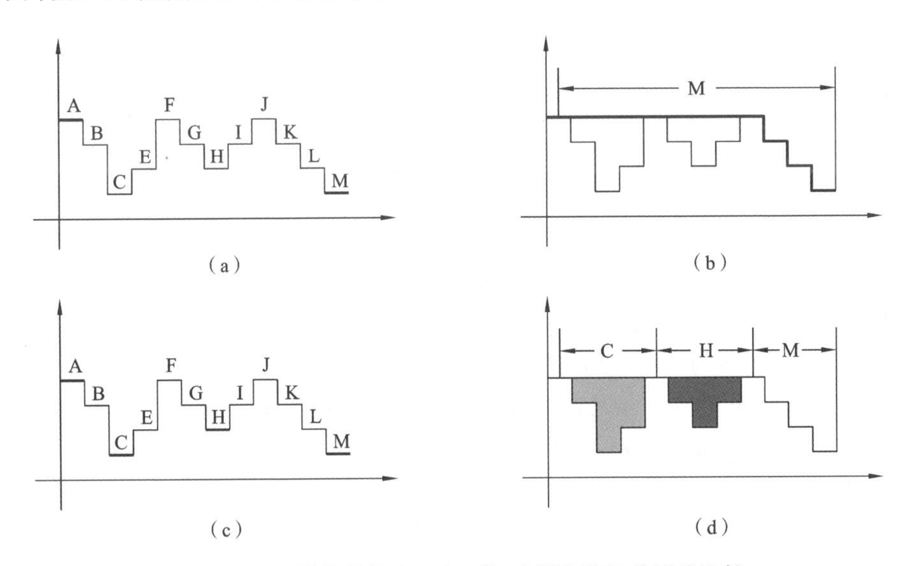

图 3-11　一维信号的 Priority-flood 算法改进前后的比较

3.3　基于数学形态学的湖泊级联关系建模方法

3.3.1　湖泊级联关系的数学模型

1. 符号与定义

为方便描述湖泊级联关系，结合图 3-12 做如下定义。

定义 1　内洼地是指不与 DEM 边界和海洋相连的洼地，外洼地是指位于

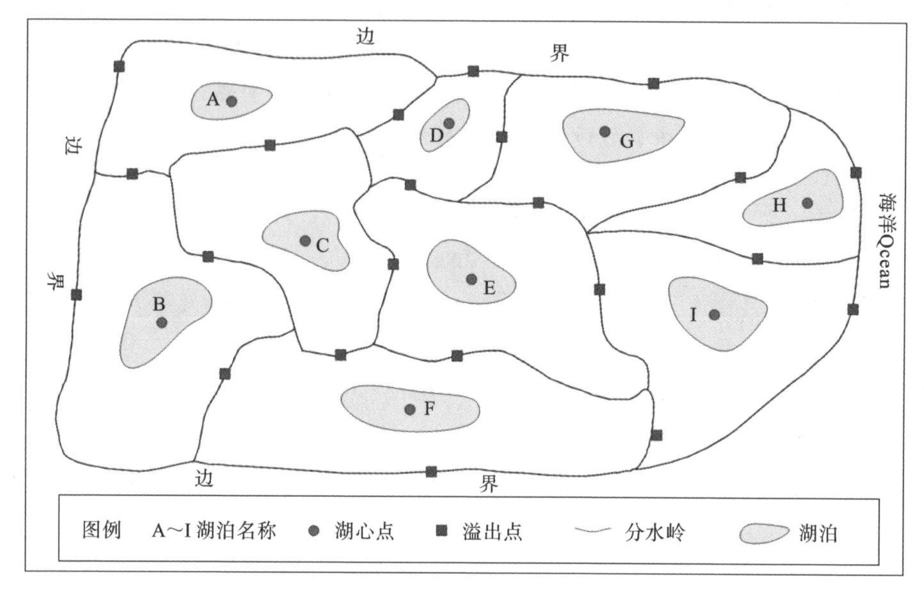

图 3-12　湖泊群漫溢级联关系示意图

DEM 边界或与海洋直接相连的洼地。洼地流出 DEM 边界之后最终汇入海洋，因此用大写字母“O”特指海洋(Ocean)或能通过 DEM 边界流向海洋的洼地。如图 3-12 所示，C、E 是内洼地，A、B、D、F、G、H、I 是外流洼地。

定义 2　洼地的邻居，是指与当前洼地毗邻的洼地，两者以分水线相隔。洼地 M 的所有邻居洼地集合记为 $\mathcal{N}(M)$，如图 3-12 所示，$\mathcal{N}(\mathrm{E})=\{\mathrm{C,D,F,G,I}\}$。

定义 3　潜在溢出高程，是指相邻两个洼地分水岭上的最低点，用中括号表示。如图 3-13 所示，[E,F]=10 表示洼地 E 与 F 的最小溢出高程为 10；[G,O]=11 是指洼地 G 流出 DEM 边界的潜在溢出高程是 11，而[I,O]=5 是指洼地 I 汇流进入海洋的高程是 5。

[A,O]= 15	[A,B]=12		
[B,O]=17	[A,C]=5	[C,E]=3	[E,G]=9
[D,O]=13	[A,D]=14	[C,F]=7	[E,I]=8
[F,O]=16	[B,C]=6	[D,E]=12	[F,I]= 9
[G,O]=11	[B,F]=15	[D,G]=6	[G,H]=5
[H,O]=4	[C,D]=13	[E,F]=10	[H,I]=7

图 3-13　对应图 3-12 中的湖泊群的分水岭、潜在溢出口、溢出高程信息

定义 4　漫溢邻接矩阵(Overflowing Adjacency Matrix，OAM)，是指记录相邻洼地的潜在溢出高程形成的二维矩阵，如图 3-13 所示。

定义 5 二元运算符用⌝表示，$M ⌝ N$ 表示两者仅仅相邻而没有直接的水力连接(见图 3-14(a))；$M \leftrightarrow N$ 表示两种融合形成一个新生洼地(见图 3-14(b))；$M \rightarrow N$ 表示相邻洼地 M 溢出后流向洼地 N(见图 3-14(c))。此外，二元运算符⌝支持优先级运算符号大括号{. }、中括号[.]和小括号(.)。

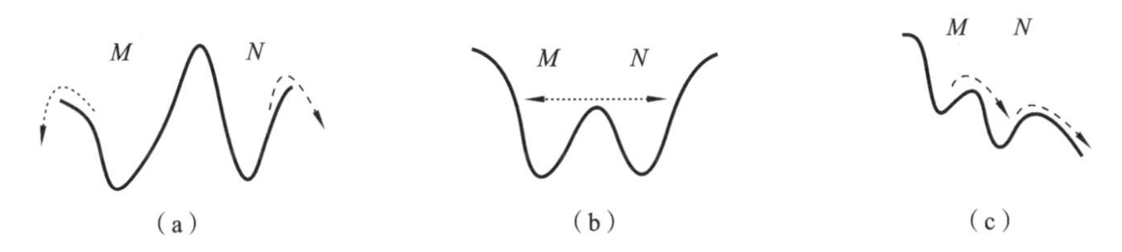

图 3-14 一维视图下相邻湖泊(洼地)M 与 N 的分水岭及水流走向关系

2. 分水岭外溢模型

当洼地内不断注入水体使水面抬升，相邻的分水岭是否产生水流流动，取决于两者的结构关系。这可分为三种：无交换型、融合型、瀑布型。图 3-14(a)所示属于无交换型，M 与 N 的水流各自流向外部，不产生水力连接；图 3-14(b)所示是融合型，当水面超过 M 与 N 的分水岭时，两者产生了水力连接并产生了新的洼地，水流可以双向流动；图 3-14(c)所示是瀑布型，表示当水面上升至洼地 M 的湖盆溢出口后进入洼地 N 时，两者同样产生水力连接，但水流只能单向从 M 流向 N。为简便起见，后续的瀑布型级联结构默认由上游湖泊溢出到下游湖泊，且只存在一个上游湖泊的情况。

$M ⌝ N$ 的判断条件为：M、N 潜在溢出高程高于其他分水岭，数学表达为：

$$\begin{aligned}[M,N] &> \min\{[M,I] \mid \forall I \in \mathcal{N}(M)\} \\ [M,N] &> \min\{[N,J] \mid \forall J \in \mathcal{N}(N)\}\end{aligned} \tag{3.32}$$

$M \leftrightarrow N$ 的判断条件为：M、N 潜在溢出高程低于其他分水岭，数学表达式为：

$$\begin{aligned}[M,N] &= \min\{[M,I] \mid \forall I \in \mathcal{N}(M)\} \\ [M,N] &= \min\{[N,J] \mid \forall J \in \mathcal{N}(N)\}\end{aligned} \tag{3.33}$$

$M \rightarrow N$ 的判断条件为：M、N 潜在溢出高程是与 M 关联的潜在溢出高程的最小值，但高于与 N 关联的潜在溢出高程，数学表达式为：

$$\begin{aligned}[M,N] &= \min\{[M,I] \mid \forall I \in \mathcal{N}(M)\} \\ [M,N] &> \min\{[N,J] \mid \forall J \in \mathcal{N}(M)\}\end{aligned} \tag{3.34}$$

3.3.2 建模思路与计算流程

基于 3.2 节的研究，将数学形态学的理论与方法应用于 DEM 前处理以及水文建模的过程中，进一步提出自动化湖泊漫溢级联构建方法，如图 3-15 所示。

其主要步骤为:(1) 填充 DEM 虚假洼地;(2) 识别湖泊 DEM 平地;(3) 计算湖泊影响区域骨架线,提取分水岭和潜在溢出口;(4) 构建漫溢邻接矩阵并建立湖泊漫溢级联森林网络。

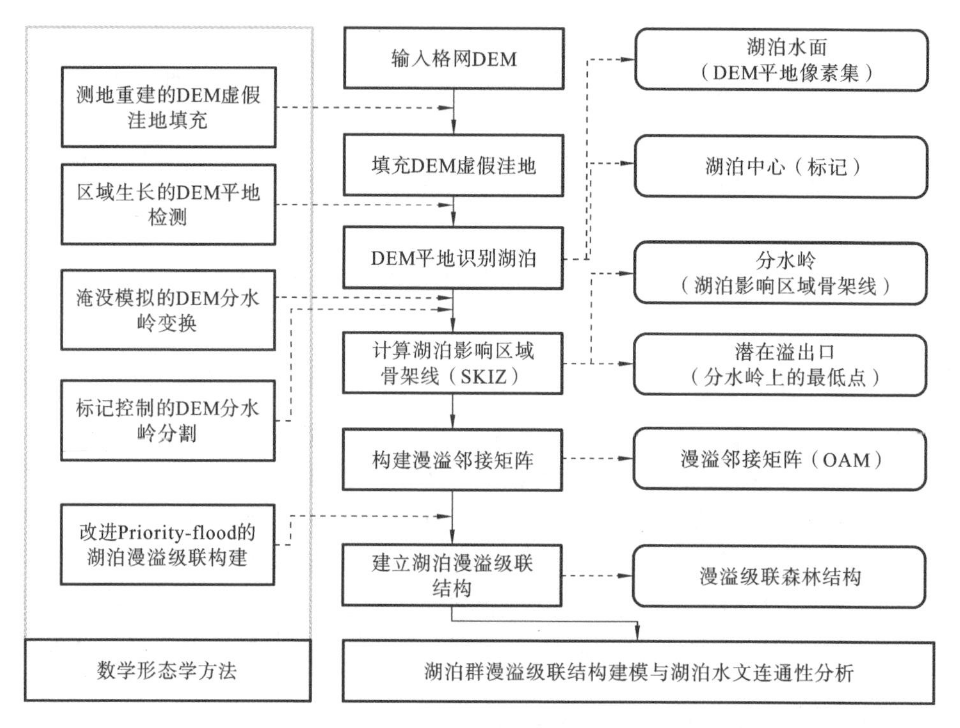

图 3-15 数学形态学与 DEM 集成的内流区湖泊群水文连通性建模与分析流程图

3.3.3 基于平地检测的湖泊识别

DEM 中的平地是高程值相等且连通的像素集合。DEM 平地可能是虚假地形,如在洼地抬升后产生的平地,也可能是真实的自然景观,如卫星遥感获取的 DEM 中的湖泊水面是平坦的。根据第 2 章介绍,无论光学立体像对或 InSAR 测图,海洋、湖泊等水体表面都难以测绘,故在全球 DEM 测图中通过后期人工编辑踏平水体表面,使得全球 DEM 中水面均由大量高程值相等的格网组成。DEM 中的平地导致水流方向难以确定,大量学者开发了多种算法来消除误差从而获得正确的水流流向。

湖泊是水文系统中进行产汇流计算的重要单元,水文建模时需要提取并予以保留。在卫星遥感获取的大范围格网 DEM 中,大型湖泊的水面以成片的平地格网进行保存。基于这一特点,可通过设定合理的平地面积阈值来提取 DEM

中的湖泊。根据 3.2.2 节中介绍的数学形态学区域增长算法，在 8 邻域内广度优先搜索平地像元，将连通且具有同一高程值的格网集合分配唯一的标识符号。把所有面积超过设定阈值的湖面格网作为湖盆底部平面，然后计算它们的几何中心。具体地，为保证湖心像元一定隶属于前述湖泊平地 DEM 像元，先计算 DEM 平地像元的平均值，但这个中心像元可能不在 DEM 平地像元集合中。为此，进一步遍历 DEM 平地像元集合，寻找距离前述中心像元最近的像元作为湖心种子点，然后记录其格网坐标、湖面高程、平地格网总数等信息，作为下一步湖泊分水岭分割的输入数据。如图 3-16 所示，采用 UAV-SFM 获得的 DEM 数据，利用 DEM 中的湖泊检测算法，设定阈值为 40 m^2，共获取了 9 个小型湖泊。

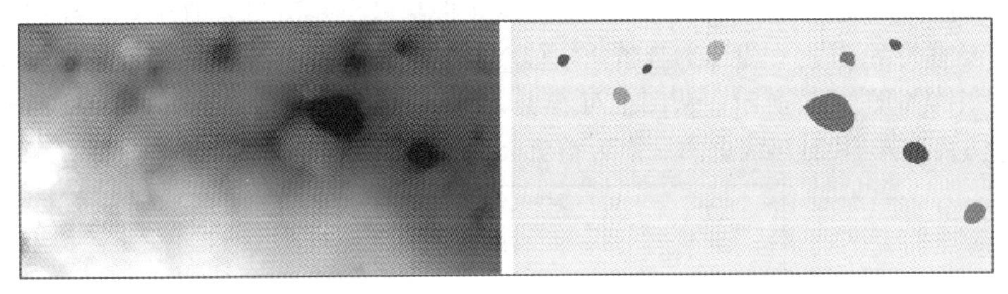

(a) UAV-SFM获得的DEM数据　　(b) DEM中提取的小型湖泊

图 3-16 平地检测识别湖泊

3.3.4 基于标记控制形态学分割的分水岭提取

上节中通过 DEM 平地检测算法提取了大型湖泊，得到了湖泊中心像元，并赋予了唯一标识符。内流湖泊接纳其所在分水岭的地表径流，湖泊的分水岭是湖心测地线影响区域的骨架线。根据淹没模拟的分水岭定义，利用 3.2.4 节中提出的标记控制的 Priority-flood 分水岭分割方法，以湖心种子作为控制标记，按照溢出高程最小的优先原则进行湖心像元的扩展蔓延，逐一确定每个 DEM 像元所属的湖泊影响区域。

利用计算机编程实现 DEM 分水岭分割，采用C++标准模板库(STL)中的关联式容器数据结构。集水区邻接的湖泊之间存在分水岭，分水岭上的最低点是潜在溢出点。尽管可能出现两个毗邻的湖泊之间的分水岭存在多个像元，它们或许具有相等的最小溢出高程值，但只保存第一次遍历的像元作为潜在溢出点。在 DEM 像元遍历过程中，若某像元的 8 邻域中检测到高程低于该像元且具有不同湖泊标识符号的像元，则该像元划分为分水岭像元；当容器中尚未记录该像元时，将该像元保存为潜在溢出点。把潜在溢出点涉及的两个湖泊标识和溢出高程值存储起来，作为以后的数据基础。

3.3.5 基于骨架线的湖泊漫溢邻接矩阵构建

上节通过计算得到了湖泊影响区域骨架线，确定了分水岭和潜在溢出口，本节在此基础上构建漫溢邻接矩阵。

把整个DEM区域的各个分水岭赋予唯一标识，采用二维矩阵存储分水岭邻接关系，格网数值记录其潜在溢出高程。漫溢邻接矩阵维度为$(n+1)\times(n+1)$，其中n是划分的集水区数量。其行数和列数相等，且都包含“O”。将该矩阵的第1行和第1列都设置为“O”。格网坐标(I,J)表示分水岭I、J的潜在溢出高程，即有Value(I,J)=[I,J]。同一洼地与自身以及并不相邻的洼地之间都没有漫溢关系，其潜在溢出高程值用空值NODATA表示。图3-13对应的漫溢邻接矩阵如图3-17所示。从图上可看出，漫溢邻接矩阵的特点有：(1) 稀疏的对称方阵；(2) 其对角线上的元素为空值，即[I,J]=NODATA。

	O	A	B	C	D	E	F	G	H	I
O	—	15	17	—	13	—	16	11	4	5
A	15	—	12	5	14	—	—	—	—	—
B	17	12	—	6	—	—	15	—	—	—
C	—	5	6	—	13	3	7	—	—	—
D	13	14	—	13	—	12	—	6	—	—
E	—	—	—	3	12	—	10	9	—	8
F	16	—	15	7	—	10	—	—	—	9
G	11	—	—	—	6	9	—	—	5	—
H	4	—	—	—	—	—	—	5	—	7
I	5	—	—	—	—	8	9	—	7	—

图3-17 为湖泊群图3-12构建的漫溢邻接矩阵

3.3.6 基于改进Priority-flood算法的湖泊漫溢级联结构建模

Priority-flood算法以栅格DEM为数据源，从DEM的边界开始，引入优先队列对像元进行排序，根据像元的最小溢出高程赋予优先级，遍历DEM格网后，可用于DEM填洼、分水岭提取等。漫溢邻接矩阵的存储方式与格网DEM的一致，为了构建湖泊漫溢级联森林结构，借鉴Priority-flood算法思想，在漫溢邻接矩阵的基础上采用优先队列存储所有非NODATA的格网，将潜在溢出高程越低的格网赋予更高的优先级，利用二叉树保存洼地级联模型，并采用可视化图形绘制湖泊漫溢级联关系。

记漫溢邻接矩阵为 $\boldsymbol{M}$，先将 $\boldsymbol{M}$ 的上三角非空元素压入优先队列 pq，将潜在溢出高程越低的格网赋予更高的优先级，设置与 $\boldsymbol{M}$ 同维度的标记矩阵并初始化所有元素为未处理状符“0”，初始化二叉树 bst 为空，建立辅助函数用于产生新融合洼地全局标识符 ID。

(1) 弹出优先队列 pq 中顶部格网 $\boldsymbol{M}[i][j]$，判断格网坐标行列号是否为 0，在标记矩阵修改网格值为 1，表明该格网为已处理。

(2) 如果 i 或 j 不等于 0，开始追踪融合型洼地级联树。查找满足式(3.33)的洼地，生成一个新的洼地 ID。以这两个洼地为左、右叶子节点，新生成一个洼地 ID 为父节点，建立二叉树 bst，则新洼地是上述两个叶子洼地融合后的洼地。在新的洼地中，查找潜在溢出高程最小时所关联的洼地；以这两个洼地为叶子节点，再次新生成一个洼地 ID 为父节点，更新二叉树 bst。重复进行，直至追踪到洼地 O，则这棵融合洼地二叉树的计算结束。

(3) 重复步骤(1)和(2)，直到优先队列 pq 为空，算法结束。

具体地，在漫溢邻接矩阵 $\boldsymbol{M}$ 中，用 i、j 列同一行坐标的最小值格网值填充第 i 列的相应位置的格网；同理，用 i、j 行同一列号的最小值格网值填充第 i 行的相应位置的格网，当遇到空值时直接用另一个数值取代；然后删除第 j 行、第 j 列的格网数值。数据更新策略如式(3.35)：

$$\begin{cases} M[k][i]=M[i][k]=\min\{M[k][i],M[k][j]\}, & k=0,1,2,\cdots,n \\ M[k][j]=M[j][k]=\text{NULL}, & k=0,1,2,\cdots,n \end{cases} \tag{3.35}$$

(4) 否则，则 i 或 j 等于 0(不可能同时为 0)，由于矩阵是对称阵，取 $i=0$，开始追踪瀑布型洼地级联树。按照式(3.32)计算其流入洼地，直到没有符合条件的洼地，则这棵瀑布型洼地级联树构建完成。

具体地，当 pq 中弹出元素 $\boldsymbol{M}[0][j]$ 后，在第 j 列中查找未被处理的具有最小值的格网，设其格网坐标为(r,j)，其值为 $\boldsymbol{M}[r][j]$，标记(r,j)和(j,r)为已处理状态；然后在第 r 列中找到未处理的格网最小值 $\boldsymbol{M}[s][r]$，若满足式(3.36)，那么 s 是 j 的流入洼地，继续查找 j 的流入洼地，直到没有符合上述条件的洼地存在，或者追踪到的洼地为外部洼地，则这棵树的计算完成。

$$\boldsymbol{M}[r][j]<\boldsymbol{M}[s][r] \tag{3.36}$$

(5) 返回步骤(1)重复操作，直到优先队列 pq 为空或者全部格网都参加了运算，计算结束，输出结果。

以图 3-13 为例。在图 3-18(a)所示中，因 $M[3][3]=3$ 最小，先弹出格网(C、E)，将 C、E 两行和两列合并，用对应的最小值逐一格网更新其潜在溢出高程值，接着生成一个全局洼地标识符“1”并修改 C 为 1，删除第 5 行和第 5 列(洼地 E)的格网数值，然后以 C、E 为叶子、1 为父节点构建二叉树，计算结果见图 3-18(b)。同样地，在第 3 列中(洼地标识为 1)，最小值位于第 1 行(洼地标识为 A)，将洼地 A 和 1 融合，并产生新洼地 2 且修改洼地标识符 1 为 2，更新洼地 2 的潜在溢出高程并删除洼地 A 的潜在溢出高程值，以 A、1 为叶子节点，2 为父节点修改二叉树，得到的结果见图 3-18(c)。依次地，图 3-18(d)、图 3-18(e)、图 3-18(f) 分别增加了洼地 B、F、I，洼地融合生成的第 1 棵二叉树构建完成。

在图 3-18(g)所示中，最小值[O,H]=4，则在第 8 列(洼地 H)找到最小值[G,H]=5，因其满足 5>4，所以有 G→H，见图 3-18(h)；接着在第 7 列(洼地 G)找到最小值[D,G]=6，因为 6>5，因此有 D→G；在图 3-18(i)所示中，第 4 列(洼地 D)中只有[O,D]=13 且是外部洼地，因此这棵二叉树构建结束。最后剩下未处理的格网为[H,I]=[I,H]=7，因为[H,I]=7>[O,I]=5，不满足式

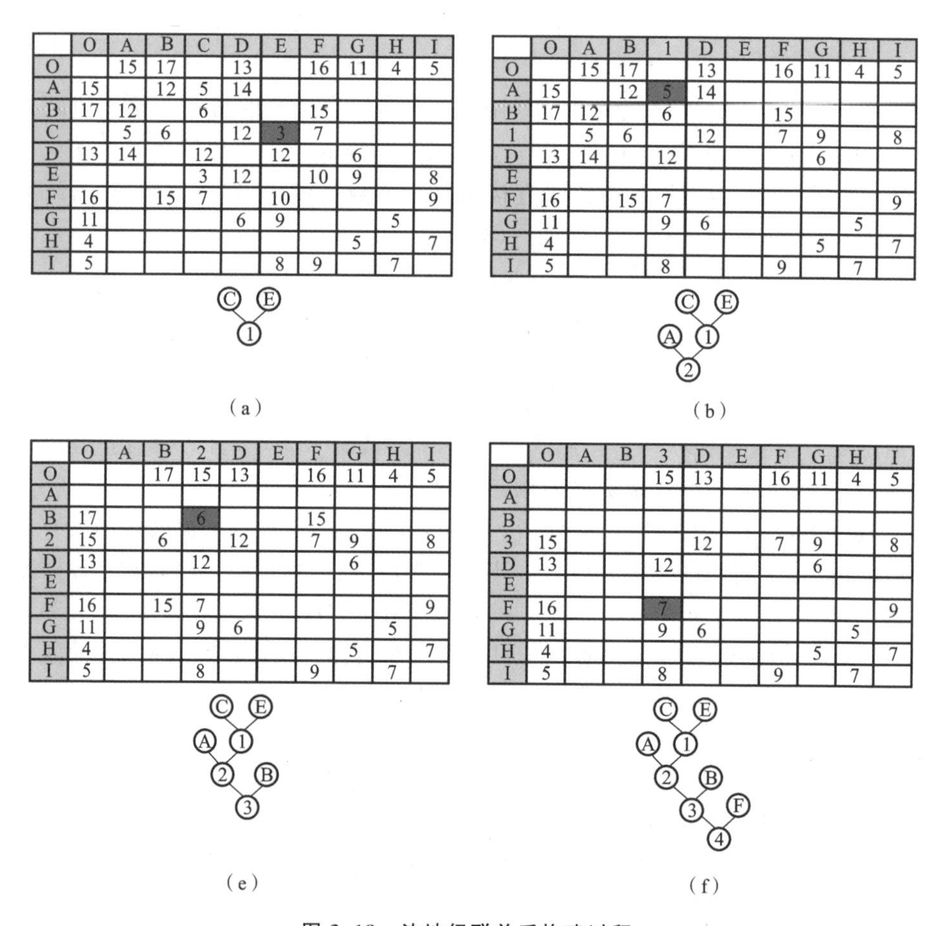

	O	A	B	C	D	E	F	G	H	I
O		15	17		13		16	11	4	5
A	15		12	5	14					
B	17	12		6			15			
C		5	6		12	3	7			
D	13	14		12		12		6		
E				3	12		10	9		8
F	16		15	7		10				9
G	11				6	9			5	
H	4							5		7
I	5					8	9		7	

(a)

	O	A	B	1	D	E	F	G	H	I
O		15	17		13		16	11	4	5
A	15		12	5	14					
B	17	12		6			15			
1		5	6		12		7	9		8
D	13	14		12				6		
E										
F	16		15	7						9
G	11			9	6				5	
H	4							5		7
I	5			8			9		7	

(b)

	O	A	B	2	D	E	F	G	H	I
O			17	15	13		16	11	4	5
A										
B	17			6			15			
2	15		6		12		7	9		8
D	13			12				6		
E										
F	16		15	7						9
G	11			9	6				5	
H	4							5		7
I	5			8			9		7	

(e)

	O	A	B	3	D	E	F	G	H	I
O				15	13		16	11	4	5
A										
B										
3	15				12		7	9		8
D	13			12				6		
E										
F	16			7						9
G	11			9	6				5	
H	4							5		7
I	5			8			9		7	

(f)

图 3-18　洼地级联关系构建过程

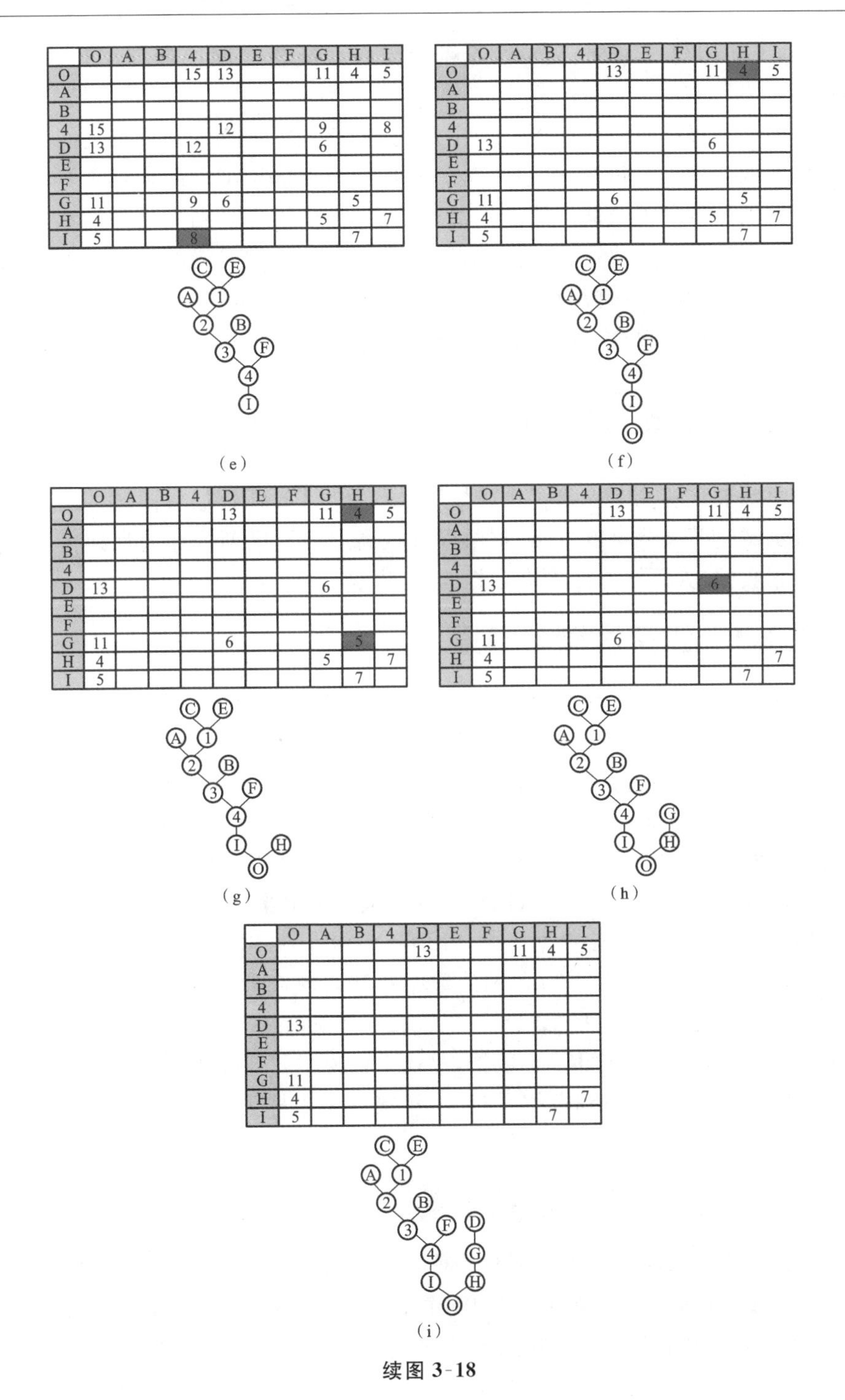

续图 3-18

(3.34),不能构建二叉树。至此,全部漫溢级联矩阵格网都参与了计算,计算结束。

湖泊漫溢级联森林结构图是利用概化图方法,将隐式的湖泊群之间的拓扑关系以图的方式进行可视化呈现,是一种功能强大的湖泊网络建模工具。具有水力连接的相邻湖泊之间以图论中的边相连,充分体现了湖泊之间的水文连通性。湖泊发生漫溢溃决后,通过湖泊漫溢级联森林结构图能够追踪其上游湖泊和下游湖泊。同时,根据组成森林结构图各子树的形状特征,极易辨识串珠状的湖泊级联关系,这对后续开展湖泊漫溢溃决模拟非常有益。

3.4 青藏高原内流区湖泊群水文连通性建模

前面几节从理论上提出了集成数学形态学与 DEM 数据对内流区湖泊连通性进行水文建模与分析的方法,下面以青藏高原内流区湖泊连通性建模与分析作为应用实例,验证该方法的有效性。

3.4.1 研究区域与数据

本研究区位于青藏高原内流区,是青藏高原湖泊分布最为集中的区域,内流区的地表径流不与海洋相通,通过蒸发达到水量平衡[149]。近几十年来,在全球气候变暖的背景下,青藏高原内流区的湖泊呈现水位上升和水面扩张趋势,已成为学术界的普遍共识。内流区不仅出现了一系列河湖连通现象,当湖泊水量超过湖盆容积时,还会出现漫顶溢流,致使一些湖泊外溢风险增加[13]。2011 年可可西里地区卓乃湖溃决[100]导致四湖连通是最典型的案例。

采用从国家青藏高原数据中心 TPDC(National Tibetan Plateau Data Center)获取的青藏高原大于 1 km^2 湖泊数据集和青藏高原流域边界数据集,根据青藏高原内流区范围线从 LP DAAC (Land Processes Distributed Active Archive Center)下载 NASADEM 数据,单块面积为 1°×1°,格网间距为 1 弧秒(像元大小约为 30 m),考虑到数据量过大,拼接后重采样为 3 弧秒(像元大小约为 90 m)的数据。

3.4.2 大型湖泊识别结果

通过设定提取湖盆平地格网数阈值,从而控制参与水文连通性建模的湖泊数量。经多次试验,设定阈值为 3 000 个格网,对应湖盆面积和平坦底部面积约为 24.3 km^2。由于青藏高原内流区湖泊扩张和萎缩的现象同时存在,湖泊变化较为明显,所以不同时期、不同数据源所提取的湖泊数量和面积存在差别。本书基于国家青藏高原数据中心发布的青藏高原湖泊数据集[5]，在 2005 年湖泊矢量图中筛选面积大于 24.3 km^2 的湖泊，对提取结果进行修正，共获得 167 个湖泊，见图 3-19。将结果与天地图影像叠加比较后发现，获得的湖泊与其一致，正确率高达 100%。

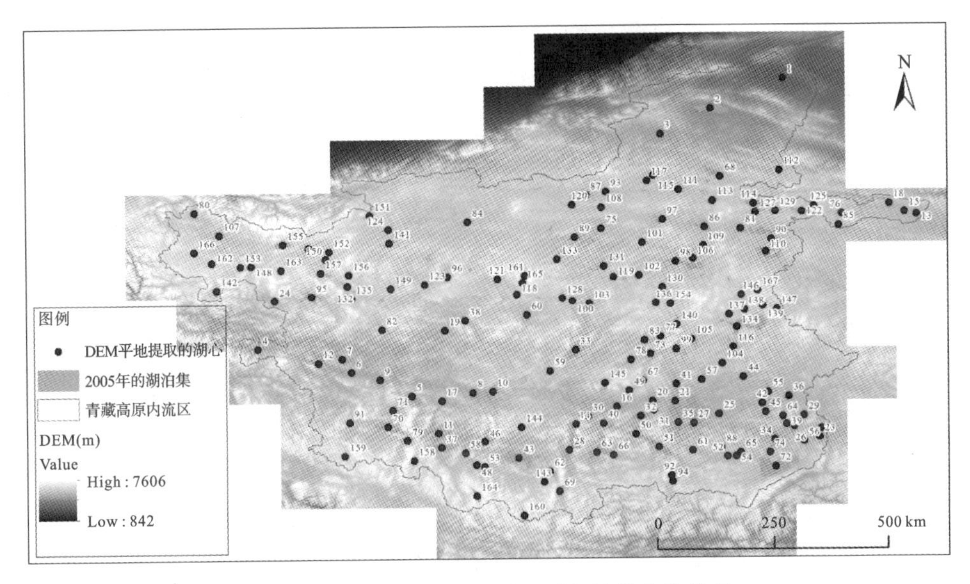

图 3-19 基于 DEM 中大片平地提取的湖泊结果

3.4.3 DEM 分水岭分割结果

按照 3.3.4 节阐述的标记控制 DEM 分水岭分割方法，将 DEM 边界像元和湖心像元作为输入种子，利用改进的 Priority-flood 算法提取了 167 个湖泊的集水区，获得了 482 个潜在溢出点，建立了包含行列数为 168×168 的漫溢邻接矩阵，作为下节建立青藏高原内流区湖泊漫溢级联结构的主要输入数据源。

3.4.4 湖泊群漫溢级联森林结构图构建及水文连通性分析

基于 3.3.6 节提出的建模方法，建立了整个内流区 167 个湖泊的漫溢级联结构，如图 3-20 所示。每个用数字标注的椭圆节点代表图 3-19 所示中的一个湖泊，实线椭圆节点表示原生的分水岭，对应湖泊及其集水区；虚线节点表示两个湖泊的集水区融合后形成的虚拟分水岭，其标识符大于 167。图 3-20 所示中“O”是指 Ocean，表示与海洋连通的外流流域。节点之间通过有向边相连，表示两个集水区存在溢出关系，箭头代表水流溢出方向，有向边的数值表示最小溢出高程。通过节点、边绘制了青藏高原内流区 167 个大型湖泊的漫溢级联森林结构图。

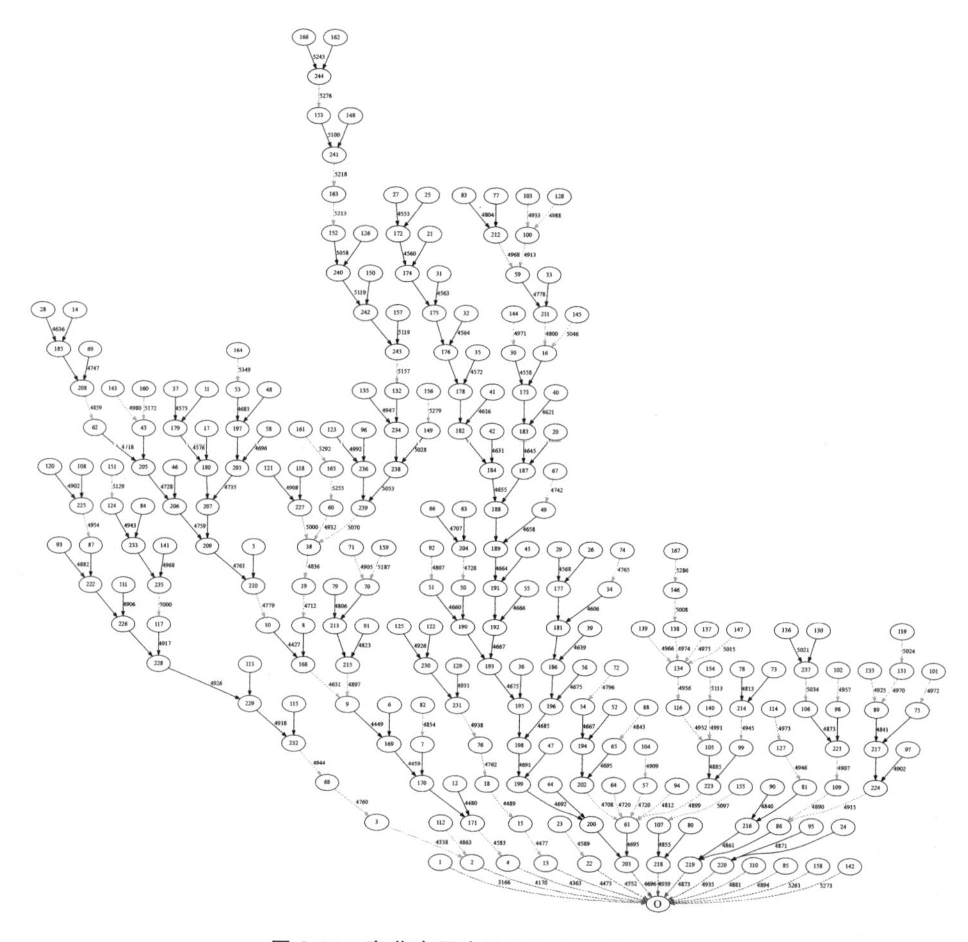

图 3-20　青藏高原内流湖漫溢级联结构图

从图 3-20 中可以看出，青藏高原内流区湖泊网络子系统包含 13 棵子树，它们通过 1、2、4、13、22、85、110、142、158、201、218、219、220 节点与外流流域相通。每棵树包含的节点数差别极大，其中，子树 1、85、110、142、158 没有子节点且直接与 O 相连，说明这 5 棵树都只包含一个内流湖泊。一旦这些湖泊来水量足够，则位于内外流毗邻区的内流湖将漫溢进入外流区。子树 2、4、201、219 包含的子节点均超过 20 个，级联关系错综复杂；相比较而言，子树 13、22、218、220 的节点均不超过 10 个，漫溢级联关系相对简单。

从级联结构来看，整个内流区以融合型结构为主，占比超过 85%。例如，95↔24、107↔80、200↔61 的瀑布型结构较少，在内流区外缘和内部都有分布。分布在外缘的有 1→O、23→22→O、85→O、110→O、142→O、158→O 等，分布在内流区内部的有 167→146→138，119→131→89 等。此外还存在更复杂的结构，一种是多连接的瀑布型结构，即两个或更多的湖泊以瀑布型连接进入同一个湖泊，如子树 3→2 和 112→2。另一种称为复合型结构，特指树中同时包含融合型和瀑布型，如子树[(125↔122)↔129]→76→18→15→13→O，{[(228↔113)↔115]→68→3→2}↔2→O。这两种复杂的级联结构在青藏高原内流区占比较少。

3.4.5　与 Barnes 的线索二叉树建模方法的比较

本章提出了一种全新的洼地级联关系构建算法，并应用于青藏高原内流区湖泊子系统建模，通过绘制级联森林结构图直观地呈现出内流区湖泊网络的水文连通性关系，可作为后续湖泊漫溢风险评估的基础数据。

Barnes 等[55]提出了基于线索二叉树的洼地级联数据结构，并应用于水文模拟计算[56]。尽管线索二叉树能够表达融合型的级联洼地，但忽略了瀑布型的级联洼地。此外，由于二叉树的每个父节点最多只有两个子节点，导致无法表达多个洼地以瀑布结构流向父节点的级联结构，具有局限性。对瀑布型的洼地而言，上下游湖泊连通之后并没有融合，只产生了水力连接，水体只能从上游湖泊向下游湖泊单向流动，线索二叉树也无法表达这类河湖连通的级联关系。与其相比，本方法的特点如下。

(1) 能够显式呈现湖泊外溢级联关系。湖泊水文连通性的级联关系采用森林图可视化比较容易表达。

(2) 扩充了湖泊水文连通性的结构关系。Barnes 提出的湖泊(洼地)连通思路是先填充再满溢最后合并(Fill-Spill-Merge)的过程。但在青藏高原内流区湖泊子系统中存在只满溢出(Spill)而不合并(Merge)的湖泊连通结构，即串珠状的瀑布结构。

(3) 二叉树结构能用来处理洼地融合型的湖泊洼地，当两个甚至多个湖泊与下游湖泊是瀑布型外溢关系时，退化成线性链表的二叉树无法表达这类结构。

(4) 基于改进的 Priority-flood 算法，能够提取内流洼地的集水区。

本章提出的洼地级联构建算法，适用于不同尺度下纳入洼地影响的水文建模。在流域级大尺度上，该方法能用于显式地建立漫溢湖泊之间水流走向关系，进而揭示水系结构演变过程；在中观尺度上，可用于研究平原、湿地地区的洼地、坑塘之间的水文连通性，为生态效应研究提供数据基础；在微观尺度上，适用于微地形条件下的水流运动分析，进而应用于农田涝渍灾害分析、水土流失建模等。在提高算法效率上，本方法宜采用并行计算模式，从而充分发挥现代计算机多核多进程的优势，满足海量DEM下湖泊网络水文连通性建模的性能要求。

3.5　本章小结

基于数学形态学理论，提出基于形态学分水岭变换和Priority-flood相结合的洼地级联关系构建方法。该方法具有易于编程实现、数据结构简单、算法高效、可视化程度高等优点。将上述算法应用于青藏高原内流区湖泊网络子系统建模，成功提取了内流区湖泊漫溢级联模型。通过对其结构进行分析，识别出了两种主要结构：融合型湖泊和瀑布型湖泊，进一步揭示了青藏高原内流区湖泊水文连通性规律，从地形上阐明了内流区湖泊网络结构特征。该方法通过量化和理解湖泊及其拓扑结构，为认识青藏高原内流区湖泊群的特点提供了一种新的视角。

4 基于DEM与先验知识的外流区河网水系提取方法

青藏高原的河湖系统由内流区湖泊子系统和与之相邻的外流区河网水系子系统构成。上一章主要研究了内流区湖泊群的水文连通性建模方法。内流区水文子系统的水循环过程属于“内部矛盾”,一旦内流区湖泊洪水溃决进入外流区,就将出现“内部矛盾”外溢,转化为影响外流区水文过程的“外部矛盾”。因此,需要对青藏高原与内流区相连的外流区以及内、外流区的过渡区水文子系统进行建模与分析研究。

青藏高原外流区地形复杂,既有高山峡谷也有高原平原。采用常规的基于DEM数据的D8算法提取外流区平原河网水系时,往往容易出现水流方向迷失的问题,严重影响了河网水系的提取质量。本章提出一种基于DEM+水文地貌先验知识的数字高程扩展模型(DXM),为平坦地形条件下的河网水系高质量提取探索新方法,主要从DXM概念模型及其构建方法、高精度DEM和水文地貌先验知识获取方法、基于不同DXM的河网水系要素提取方法等方面,对青藏高原外流区河网水系进行建模与分析,为下一章对内流区湖泊漫溢溃决外流进行模拟分析奠定基础。

4.1 集成DEM与先验知识的DXM构建方法

4.1.1 DXM概念模型:从高程到高程与先验知识的集成

格网DEM是一种离散化的地形表达数据结构,地理空间的点、线、面目标均被栅格化为网格像元,按照地物目标空间叠加顺序附着于数字地形上。格网DEM采用了与单通道数字图像一致的存储结构,与灰度图像的区别是它记录像元的高程而非灰度值。在GIS系统中,常采用GeoTIFF数字图像格式来存储格网DEM。DEM中只记录了地面高程信息,并不直接表达地理空间要素,且几何特征、拓扑属性、水文属性均被丢失。

为此,在DEM数据结构(X,Y,Z)三个分量的基础上,利用水文地貌要素对DEM进行扩展,增加描述影响地表径流的水文地貌信息,将具有径流响应作用的水文地貌特征作为先验知识融入DEM中,建立数字高程扩展模型(Digital elevation-eXtended Model,DXM)。

DEM 加水文地貌先验知识的 DXM 是用数字的方式表示地表的信息，由一个高程分量 Z 和若干个扩展分量 $E_i(i=0,1,2,\cdots,k)$ 组成（见图 4-1）。它采用离散的网格表达连续变化的地形高程、水文结构和人工地貌特征等信息。扩展分量 $E_i(i=0,1,2,\cdots,k)$ 与空间位置 (X,Y) 构成特定水文地貌要素的空间分布。

$$\begin{aligned}\mathrm{DXM} &= \{(X,Y,Z,E_i)\mid i=0,1,2,\cdots,k\}\\ &= \{(\mathrm{DEM},E_i)\mid i=0,1,2,\cdots,k\}\end{aligned}$$

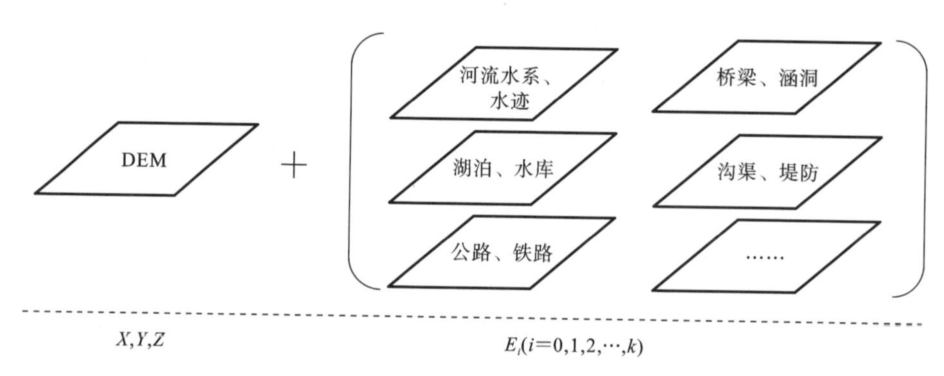

图 4-1　DXM 概念模型

表 4-1　常见的水文地貌要素类型及其径流响应作用

要素类型	水文响应	说明
公路、铁路	阻流	高出周边地表，对自然径流途径具有“分割”作用，自然汇流途径减弱或消失
田埂		将农田隔离成独立的汇水单元，每一单元的径流只能通过田间沟渠流入周边河流[150]
圩垸		阻隔垸外水流侵入，垸内积水通过闸、泵排出
水系	引流	对地表径流途径产生收集作用
渠道		对自然径流起到一定的汇流和导流作用
涵洞		改变自然状态下的汇流情况与汇水区形状
湖泊	汇流	地表径流汇入地
水库		地表径流汇入地
溶洞		地表径流转为地下径流
坑塘		低于周边地表，收集自然径流

由上述概念可知，DXM 是一种灵活可扩展的数据模型，是对 DEM 进行维度扩充的栅格模型，通过将影响地表径流的水文地貌要素集成到 DEM 中，丰富

了网格单元信息。自然界中的道路、堤防等线性景观和人工水利设施如水库、水渠等要素,会严重影响流域内的水文过程[151]。但这些不同水文地貌要素对地表径流所产生的作用可能存在差别,如道路会阻塞穿过的溪流时修建涵洞让水流从下面通过[61,152]。将这些能引导或者阻碍汇流过程的地理要素称为径流响应要素,能引导或者阻碍汇流过程的水文地貌要素称为径流响应先验知识。常见的水文地貌要素类型及其径流响应作用见表 4-1。

4.1.2 DXM 栅格化与语义化

1. 基于腐蚀运算的 DXM 栅格化

一般地,具有径流响应作用的水文地貌要素以矢量格式存储。为构建 DXM 模型,首先需将径流响应水文地貌要素转化为栅格化网格,将线状要素转化为单像素宽。单像素宽度的线段栅格化结构既能够保证像素连通性,在流向计算及河网矢量化时不会断裂,又使得原始 DEM 中需要修改高程的像素最小化。常见的 GIS 软件内置了矢量转栅格工具,但栅格化后的线状目标具有"粗线"(Fat Line),需进一步采用数学形态学的腐蚀运算将栅格线段"细化",将其变为单像素宽。本章采用了矢量转栅格的 Bresenham 画线[153]算法,首先设置与 DEM 一致的数据范围和格网间距,将线状目标经过的格网赋值为要素标识符,将径流响应水文地貌矢量要素转换为栅格数据,具体过程如图 4-2 所示。其中水文地貌要素包括桥涵、公路、高架桥、堤防、湖泊、水系和水流痕迹(简称水迹)。经栅格化后生成与 DEM 相同维度的二维矩阵(见图 4-2(b)),例如水流痕迹要素(图 4-2(a)中的虚线)经栅格化后形成栅格队列{C13,C12,C11,D10}。

2. DXM 语义化的红绿灯模型

栅格化后的径流响应水文地貌要素需要通过语义表达,使其转换成为可以用于提取河网水系的先验知识。根据不同水文地貌要素的径流响应作用,采用抬升或降低 DEM 高程值的方法来确定栅格的水流流向,从而辅助 DEM 获取整体汇流水系。为此,根据水文地貌要素产生的地表径流响应的具体特征,设置绿色、红色和黄色三种信号灯,分别用于判断水文地貌要素所在栅格的高程值需要抬升、降低还是待定。首先,将具有引流或汇流作用水文地貌要素的栅格设置为绿色,表示其高程值需要降低,其邻域的 8 个栅格可流向该中心格网;其次,将具有阻流作用水文地貌要素的栅格设置为红色,表示其高程值需要抬升,其邻域的 8 个栅格不能流向该中心格网;最后,黄色介于两者之间,表示处于待定状态,应综合更多信息进一步确定该栅格需要抬升或者降低。例如高架桥下方的桥墩阻碍了水流,但架空部分允许水流经过;没有水文地貌要素的栅格设置为无数据"NODATA",其高程值不做处理。

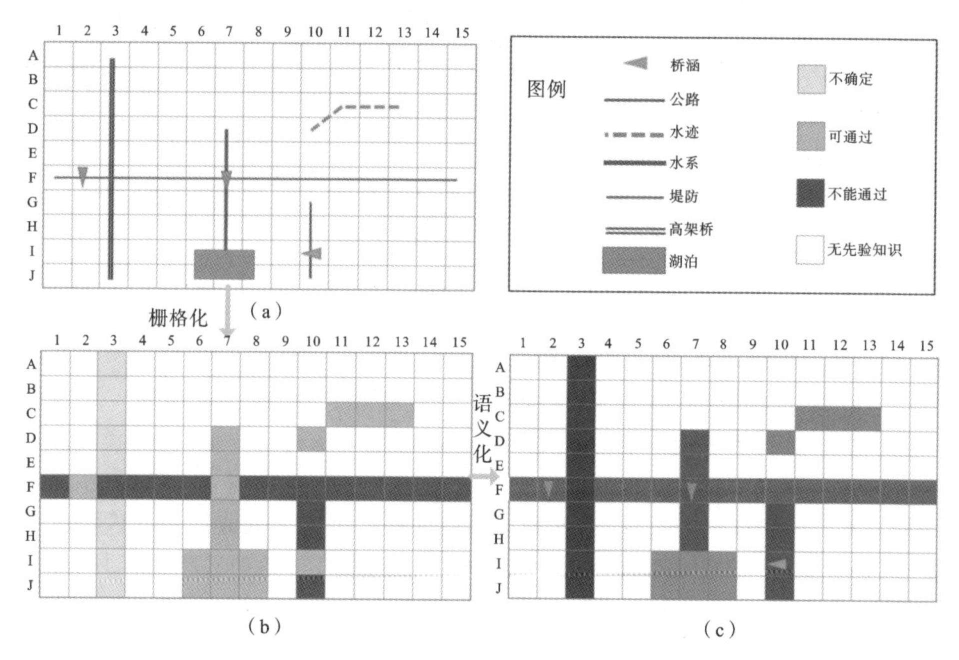

图 4-2 具有径流响应作用的水文地貌先验知识栅格化与语义化的过程

(a) 水文地貌要素矢量数据;(b) 水文地貌要素的栅格化;(c) 水文地貌要素的语义化

基于上述规则,具有阻流作用的公路和堤防转化为红色格网,具有引流和汇流作用的河流、水流痕迹和涵洞转化为绿色,高架桥栅格转化为黄色。图 4-2(c)即为将具有径流响应作用的水文地貌先验知识栅格化和语义化后得到的 DXM 示意图。需要说明的是,在处理具有相同径流作用的水文地貌要素时要优先处理属于点状要素的水文地貌要素,并且当同一个栅格对应多种不同的水文要素时,遵循引流→汇流→阻流的优先级原则。例如图 4-2(c)所示中栅格 F2 既表示公路又表示涵洞时,遵循优先级原则,栅格 F2 将转化绿色。

4.1.3 基于 DXM 的河网水系提取方法

1. 基本原理

1) D8 算法

D8 算法是最早提出的流向算法,以其简单可靠、易于实现得到了广泛应用。D8 单流向算法是一种数字高程模型(DEM)处理算法,用于确定水流的方向和流量。D8 单流向算法的基本原理是将每个像素视为一个水滴,然后根据周围的高程值决定水滴的流向。该算法将每个像素的高程值与其周围的 8 个像素的高程值进行比较,然后确定水滴的流向。如果周围的像素高程值比当前像素的高,则水滴将流向该像素，否则水滴将继续流向下一个像素。这个过程将一直持续到水滴流到 DEM 的边缘或者流向一个汇流区域。

在 D8 算法中，关键是要确定被处理栅格单元的水流方向。确定方法如下：先比较被处理栅格单元与其最邻近的 8 个栅格单元之间的坡降；然后连线被处理栅格单元中心同其相邻的 8 个栅格单元中坡降最大的一个栅格单元中心，连线方向则被定义为被处理栅格单元的水流方向，并且规定一个栅格单元的水流方向用一个特征码表示，如图 4-3 所示。东北、东、东南、南、西南、西、西北和北被定义为有效的水流方向，分别用 128、1、2、4、8、16、32 和 64 这 8 个有效特征码表示，然后根据高程或有效面积决定流水流向它周围的哪一个栅格单元。在微观尺度上，水流向哪一个栅格单元即为流水的流向。

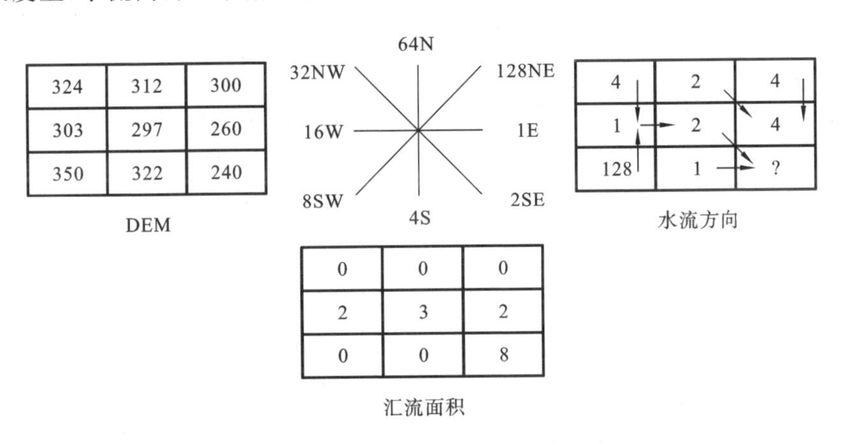

图 4-3 D8 **算法中水流方向确定示意**

被处理栅格单元同相邻 8 个栅格单元之间的坡降算法为：

$$S_{lop} = D_z / D_i \tag{4.1}$$

式中：S_{lop} 为两个栅格单元之间的坡降；D_z 为两个栅格单元之间的高程差；D_i 为两个栅格单元中心之间的距离。

在 DEM 的表面上划分网格，每个网格的数值是该网格的高程数值。但有时仅有网格的高程值是不够的，必须把高程转化为一个更加有效的量。这里是把高程值转化为有效面积网格数。

为了提取 DEM 中的河网体系，首先定义几个概念如下。

定义 1 有效面积(Contributing Area)：这是在子流域中水均流向 DEM 中某一点的所有网格面积之和。这个点就是这个子流域的出口。

定义 2 具体流域面程(Specific Catchment Area)：每单位等高线宽度所代表的区域面程。

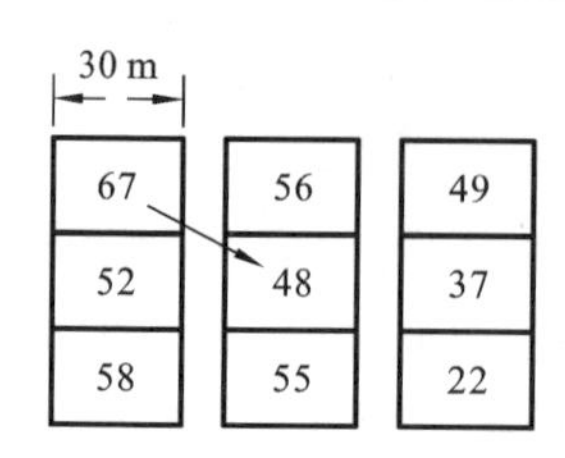

图 4-4　D8 算法网格划分示意图

定义 3　面程网格数(Area Grid):在每一个网格上所具有的所有流向该网格的网格数量。

在 D8 算法中,水流在地表上是向这个网格的相邻 8 个网格中高程最低的网格流动,如图 4-4 所示。

根据各个网格的高程数据,计算各个网格的有效面积并把此有效面积网格数值赋予该网格,成为该网格的属性值,并根据流水总是流向低处的原则把网格用实线连接起来,如图 4-5 所示。图中的连线即是得到的河网。

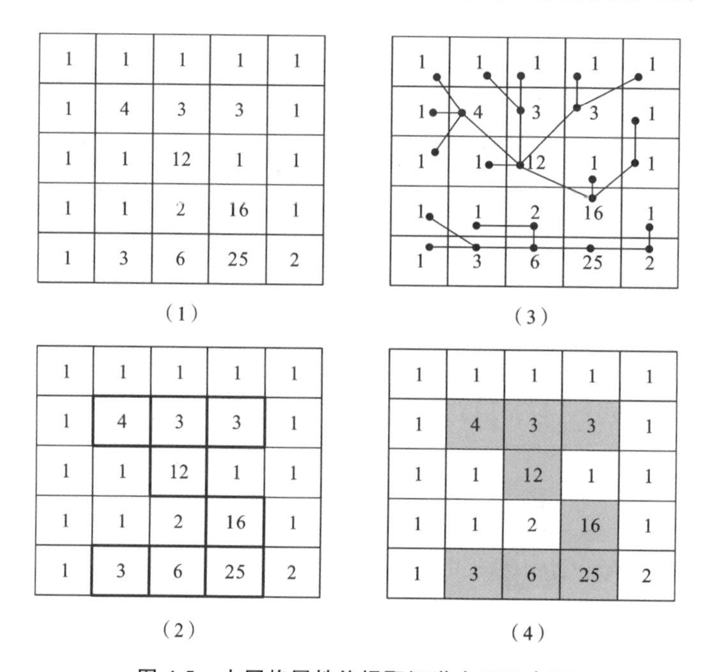

图 4-5　由网格属性值提取河道水系示意图

下一步设定一定范围的阈值,决定哪一个网格属于河网上的网格,并决定这个河道属于河网的哪一级河道。设定不同的阈值时,所提取的河网体系是不同的。

大量实验表明,用不同的有效面积阈值,将获得不同的河网密度[154]。图 4-6 所示即为不同的阈值所提取的河网体系。从图中可以看出,不同的阈值对河网体系的提取有很大的影响。它所提取出来的河网体系的精细程度和河网密度有巨大的不同。这说明在不同的流域,应采用不同的阈值,以符合流域的实际情况。

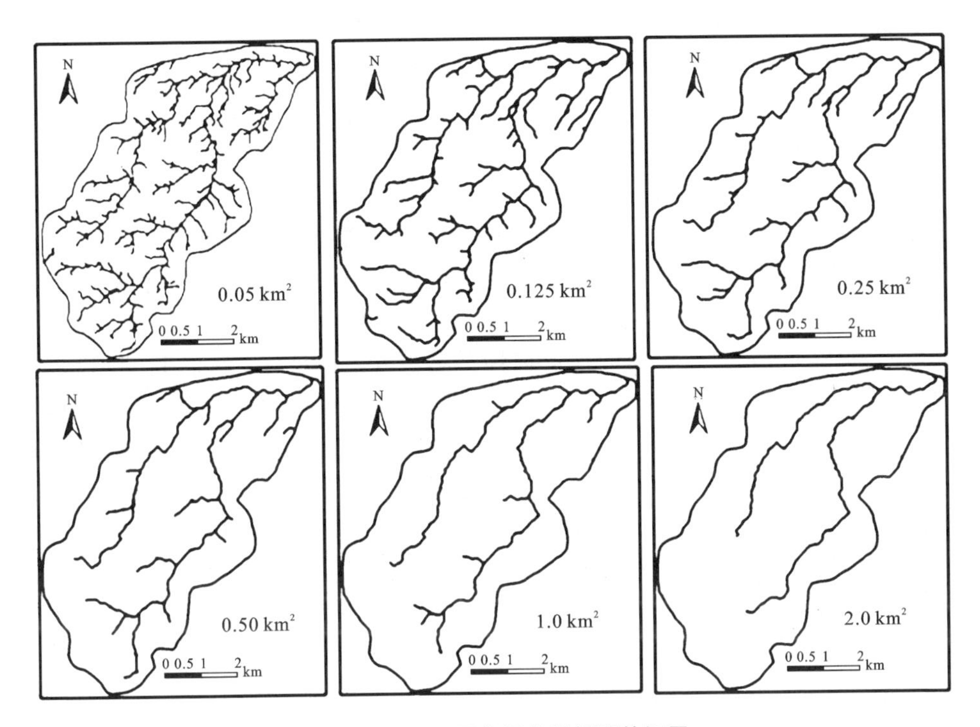

图 4-6 用不同网格阈值所提取的河网

2）高程增量平摊法

对具有径流响应作用的水文地貌要素进行栅格化和语义化处理后，将水文地貌先验知识融合到DEM之中，并按照信号灯的颜色修正水文地貌先验知识所在格网的DEM高程值，即红色代表抬升高程、绿色代表降低高程、黄色代表依赖进一步信息以确定高程。实现方法为扫描中心像元的8个邻域网格，先排除地表径流响应栅格图中红色不可通过的像元；在其余栅格中查找绿色且坡度最大的栅格作为其流向栅格，若其中不包含绿色栅格，则流向为最陡峭的方向，实现过程如图4-7所示。在河网提取过程中，利用地表径流响应栅格图辅助DEM计算正确的流向图。采用高程增量平摊法来修改其流经像元的高程值，间接实现径流响应。对信号灯为绿色的导流或汇流像元，降低其高程使得水流通过；对信号灯为红灯的像元，则抬高其高程值以阻止水流通过，从而引导水流运动。

高程增量平摊法的具体过程如下。

（1）当水文地貌要素属于点状要素时，根据D8算法确定该水文地貌要素所经过的首、末栅格。栅格高程变化量等于首、末栅格高程落差除以该水文地貌要素所流经的栅格数量。

（2）当水文地貌要素属于线状要素时，若该水文地貌要素所流经的首、末栅格具有高程落差，则栅格高程变化量等于首、末栅格高程落差除以该水文地貌要素所流经的栅格数量。

（3）若该水文地貌要素所流经的首、末栅格没有高程落差，则栅格高程变化量等于首栅格与第一栅格高程落差除以该水文地貌要素所流经的栅格数量。所谓第一栅格，即根据D8算法查找到的末栅格流向的下一栅格。当所述末栅格为边界栅格时，栅格高程变化量为零。

在以往利用先验知识辅助提取河网的研究中，一方面要求先验知识是连续的，另一方面需要用一个非常大的数值来改变先验知识所在位置栅格的高程值。这样会导致离散化的先验知识不能够用于辅助提取河网。此外，使用非常大的数值来改变像元高程值将会极大地影响流向的判断，进而形成错误的河网水系。如在涵洞位置，若利用非常大的数值改变该位置的栅格，将导致涵洞位置成为一个洼地，这显然是不合适的。因此，将离散的先验知识纳入DXM模型中，并使用高程增量平摊方法修正像元高程值，能够有效地解决前述问题。

高程增量平摊法将栅格化后的水文地貌先验知识融合到DEM中，实现从DEM到DXM的扩展。它最大限度地减少原始DEM格网修改数量，对栅格值的修改相对微小，解决了零散孤立的水文地貌要素不能辅助提取河网的问题，避免了使用极大值修改栅格带来的弊端。DXM集成径流响应信号能够更好地辅助局部流向的确定，又不影响整体流向，因而具有实用、高效的特点。

2. 实现过程

下面结合图4-7进一步阐述基于DXM数字河网提取过程。图4-7(a)所示是构建的10×15的原始DEM数据，用行(A～J)和列(1～15)来指定任一栅格的空间位置，用栅格属性值来表示栅格所在位置的高程值，如C12表示第C行第12列栅格。网格中4.9表示所在栅格的高程值是4.9。图4-7(b)所示是径流响应水文地貌要素经栅格化生成的与原始DEM相同维度的二维矩阵，以水流痕迹要素为例，其经栅格化后形成的栅格队列为{C13、C12、C11、D10}。

图4-7(c)所示是径流响应水文地貌要素的语义化过程。具体地，对红灯信号栅格(公路、堤防)的高程进行抬升，如F10从5.0抬升至6.0；对绿灯信号栅格(水迹、河流、湖泊、涵洞等)的高程进行降低，如F2从5.0降低至4.85；对黄灯信号栅格(高架桥)则根据周边栅格信息再次对其进行判断，如对于I3栅格，需根据周边栅格对其进行降低以保障水流通过。

用高程增量平摊法来对DEM的高程值进行修改的过程如下：将图4-7所示

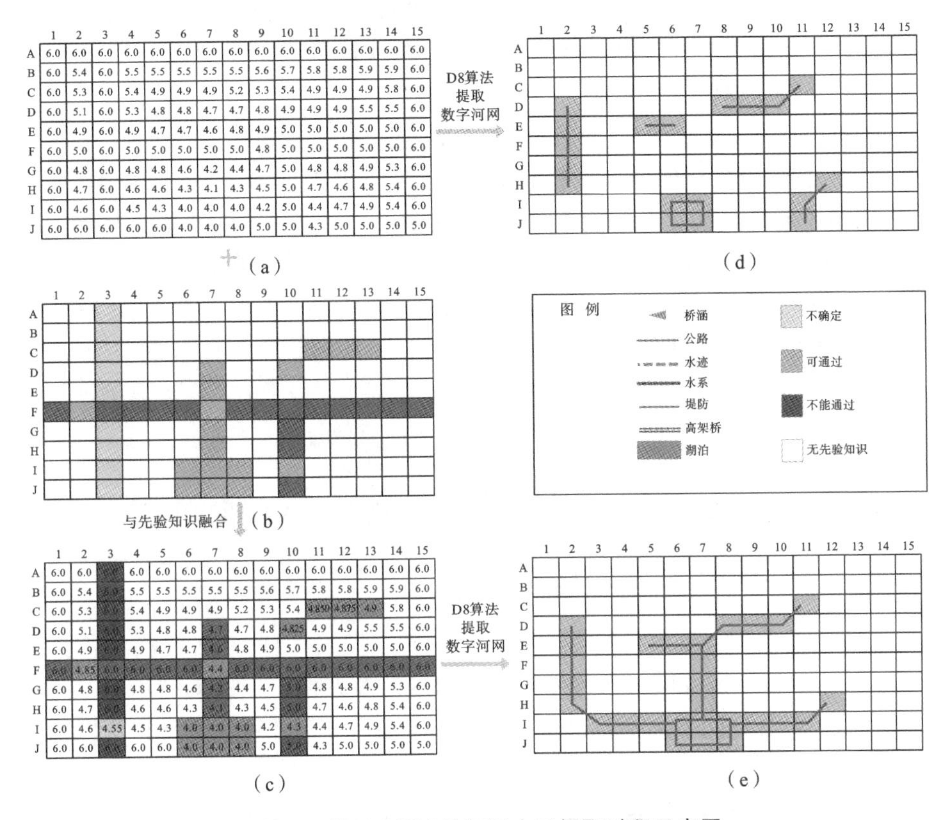

图 4-7　基于 DXM 的河网水系提取过程示意图

(a) 10×15 的原始 DEM 数据，其中 C12 和 D12 网格无法用传统 D8 算法确定流向；

(b) 与图 4-2(d)一致，栅格化和语义化的水文地貌要素；

(c) DEM 加水文地貌先验知识而构建的 DXM；

(d) 基于原始 DEM 提取的河网水系；(e) 基于 DXM 提取的河网水系

中的水流痕迹栅格化为{C13，C12，C11，D10}，对应的栅格值为{4.9，4.9，4.9，4.9}，其首栅格高程值为 4.9，末栅格高程值为 4.9，无高程变化量；根据 D8 算法找到末栅格流向栅格 D9 为最终末栅格，其高程值为 4.8；首栅格 C13 与最终末栅格 D9 的高程差为 0.1，则将 0.1 平均分配到水文地貌要素流经的栅格中；平均分配后，{C13，C12，C11，D10}的栅格值分别为{4.9，4.875，4.85，4.825}。依据前述高程值修改优先级原则对所有具有引流或汇流作用的点状要素对应的栅格高程值进行修改后，如果水流方向已经确定，则不再对与该点状要素相交的具有引流或汇流作用的线状要素对应的栅格高程值进行修改。例如，F7 位置的桥涵对应的栅格与河流对应栅格{D7，E7，F7，G7，H7}相交，根据高程修改优先级，桥涵 F7 位置的高程值修改为 4.4，与该桥涵相交的河流栅格化后栅格高程值为{4.7，4.6，4.4，4.2，4.1}，由于高程值已经有明确的水流方向，故不再对河流对应的栅格高程值进行修改。

在 DEM 加水文地貌先验知识构建 DXM 模型后，再利用 D8 算法计算每个栅格的流向，随后进行汇流累积量计算、设定汇流累积量阈值（图 4-7 中统一为 10 个网格单元），从而提取河网水系，结果如图 4-7(e)所示。为更好地说明基于先验知识的 DXM 模型对河网提取的优越性，利用 D8 算法对没有集成先验知识的原始 DEM 进行了河网水系提取，结果如图 4-7(d)所示。通过对比图 4-7 (d)和图 4-7(e)所示的河网水系，可以发现，图 4-7(e)所示中的河网呈现连通状态，而图 4-7(d)所示中的河网呈现断裂状态。由此可见，基于 DXM 提取的河网连通性更好且符合自然水系形态，验证了本方法的有效性。

4.2　基于 UAV-SFM 的研究区 DEM 数据与先验知识获取

由于上述 DXM 是 DEM 数据与先验知识的集成，因此，DXM 构建的关键在于 DEM 数据的精度以及先验知识的选取这两个方面。下面就利用第 2 章中建立的空天地水协同数据获取体系，特别是 UAV-SFM 方法，采集和获取研究区的 DEM 数据与先验知识。

4.2.1　青藏高原盐湖漫溢外流区数据获取

青藏高原可可西里卓乃湖-盐湖内流区的潜在外溢通道位于可可西里盐湖东岸，昆仑山南侧，是青藏高原内流区与外流区紧密相连的结合部位，如图 4-8 所示。本节以青藏高原盐湖漫溢外流区作为基于 DXM 的河网水系提取实例的应用研究区。

研究区的自然气候条件恶劣，基础测绘资料匮乏，人类难以涉足，缺乏精细的河网水系地图。该地区平均海拔超过 4 400 m，地形平坦，坡降为 0.5～1.0‰[155]，气候干旱寒冷，年均气温为－4.0～1.0 ℃，年均降雨量为 320.42 mm[100]。其东侧分布有自然保护站、青藏铁路和青藏公路等重大基础设施。盐湖水面不断上升可能引发湖泊水流外溢甚至溃决[156]，严重威胁周边重大工程设施安全[95]。因此，该区域的河网水系提取，不仅对认识青藏高原的湖泊演变规律具有重要理论意义，而且对分析盐湖外溢和溃决风险、指导盐湖水患治理具有重大工程应用价值。

采用 InSAR 获取 DEM 数据具有全天时、全天候、大尺度、高精度的特点，

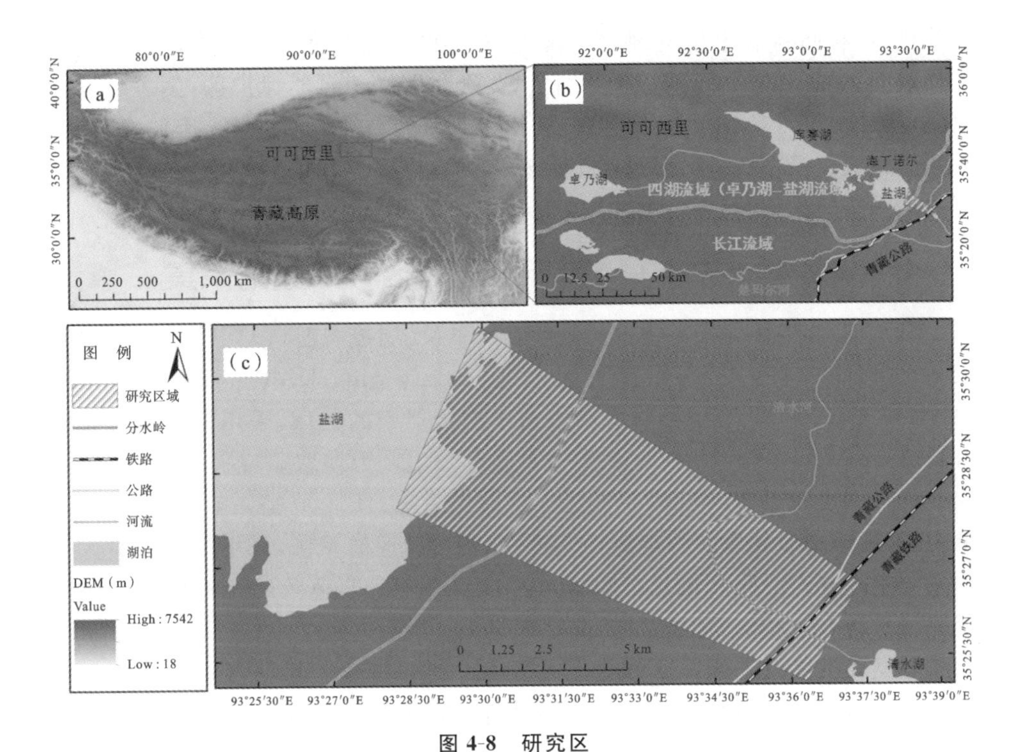

图 4-8 研究区

(a) 潜在溢流区位于青藏高原可可西里腹地；(b) 局部放大图，位于卓乃湖-盐湖与长江流域分水岭；(c) 研究区进一步放大图

而且雷达波的微波具有一定穿透性，有利于还原真实的地质地貌信息。星载 In-SAR 的覆盖区域广、可快速大面积成像，成为青藏高原地区大范围高精度地形测绘的主要技术手段。目前免费提供的覆盖可可西里盐湖地区的 DEM 包括 30 m SRTM DEM、30 m ASTER DEM、30 m AW3D30 DEM 和 90 m TDX DEM。考虑到 SRTM DEM 中的数据缺口、ASTER DEM 中的低精度以及所有这些数据的相对较低分辨率(30 m 和 90 m)，需要一个更高分辨率的新 DEM 来改进盐湖地区及其周围地区的水患灾害评估。为此，根据第 2 章提出的空天地水协同数据获取体系，在以上免费数据的基础上(天)，重点采用 UAV-SFM 方法(空)，结合像控网地面测量(地)，采集获取盐湖及其可能漫溢外流区的亚米级地形地貌数据，以期为 DXM 的构建提供 DEM 数据和先验知识，并为后续河网水系的提取以及内流湖漫溢外流模拟分析提供数据基础。

在盐湖地区开展无人机影像采集与像控测量是一项极限挑战性的工作。主要面临的困难包括：① 无人区高寒缺氧，凶猛野兽出没，会威胁作业人员的安全。② 高海拔低温天气下，测量仪器、无人机以及其他各类电子产品都依赖锂电池供电，在低温条件下，电池活性降低，各类设备电力消耗速度加快，仪器设备工作时间缩短，无人机续航能力下降。③ 研究区属于自然保护区，生态环境极其脆弱，外加气候条件限制，一年中最佳作业时间在 4 月—5 月。因此，选择合理的无人机航摄系统，制定好详细的技术方案，做好充足的后勤保障，是完成测区数据采集的关键。

4.2.2 基于 UAV-SFM 的研究区影像数据采集

SFM 摄影测量搭载平台主要包括有人飞机、遥控飞艇(RC Blimp)、固定翼无人机(Fixed-wing UAV)、旋翼无人机(Rotary-wing UAV)、混合翼无人机(Hybrid UAV)[126]。此外，对有高大树木遮挡严密的区域，采用贴地摄影如挂杆式(Pole-Mounted)[157]和地面手持式进行采集。为获取研究区影像数据，本研究选择国产飞马 F1000 固定翼无人机航摄系统。F1000 是一款长航时、抗风能力强、适应高原环境的固定翼无人机，配备自动巡航系统，采用手动助力方式起飞与伞降方式回收。机舱搭载 Sony ILCE-5100S 彩色数码相机设定为快门优先与自动 ISO 模式，配备 20 mm 定焦镜头。飞行过程中，通过机载 GPS 定位系统触发相机快门进行自主拍摄。

无人机低空摄影作业的主要仪器设备包括飞马 F1000 固定翼无人机航摄系统、Trimble SPS 985 接收机、Sony α5100 数码相机，仪器设备的技术参数见表 4-2。

表 4-2 主要仪器设备及技术参数

设备类型	名称	技术指标
固定翼无人机	飞马 F1000	材质：EPO+碳纤复合材料 翼展：1.6 m 机长：1.1 m 起飞重量：3 kg 巡航速度：60 km/h 最大续航时间：1.5h 抗风能力：5 级 起飞方式：无遥控器、手抛、自动起飞
数码相机	Sony α5100	感光元件：CMOS 传感器尺寸：APS-C 23.5 mm×15.6 mm 图像尺寸：6000×4000 镜头：E20 mm-F2.8

续表

设备类型	名称	技术指标
GNSS 接收机	Trimble SPS 985 接收机	实时动态(RTK)定位 水平精度:8 mm + 1 ppm RMS 垂直精度:15 mm + 1 ppm RMS TRIMBLExFILL 水平精度:RTK4 + 10 mm/minute RMS 垂直精度:RTK + 20 mm/minute RMS

为满足盐湖地区水文分析要求,影像地面采样间隔(Ground Sample Distance,GSD)小于 10 cm,设置航摄参数为旁向重叠度 80%,航向重叠度 60%。根据如下公式计算无人机拍摄飞行高度:

$$D=\frac{f \cdot L \cdot R}{L_s} \tag{4.2}$$

式中,L_s 是 CCD 长边尺寸,单位是毫米(mm);D 是飞行真高,即离地高度,单位是米(m);f 是相机焦距,单位是毫米(mm);L 是采集数码影像长边尺寸,单位是像素(pixel);R 是影像分辨率,单位为 m/pixel。

对特定的无人机航摄系统,CCD 的长边尺寸 L_s、焦距 f、影像尺寸 L 均为固定值。

研究区无人机计划采集面积超过 100 km^2,依据式(4.2)计算得到无人机飞行作业高度为 510 m。为便于作业,将拍摄区自西北向东南划分为三个区块,分区进行航迹规划。按照前述飞行参数设计,利用飞马无人机管家(Feima UAVMaster)软件规划各分区块航迹线路。经测算,共计需飞行 11 架次,平均每架次约 10 km^2。三个区块的飞行参数详见表 4-3。

表 4-3 各区块飞行参数设计

航线设计参数	区块 1	区块 2	区块 3
飞行真高/m	510	510	510
测区最低点海拔/m	4 484	4 482	4 477
最低点影像分辨率/cm/pixel	11	10	10
测区最高点海拔/m	4 441	4452	4455
最高点影像分辨率/cm/pixel	10	10	10
航线间距/m	240	240	270
拍照间距/m	80	80	80
作业面积/km^2	42.7	41.3	10.1
预计航时/min	204	200	54
飞行速度/(m/s)	17	17	17

区块 1 位于拍摄区西北侧，靠近盐湖湖面。其航迹规划结果见图 4-9，图中绿色图标位置是设定的无人机起飞和降落位置，黄线表示规划的无人机巡航轨迹，每隔 80 m 拍照一次。两条黄线间距为 240 m。区块 1 共需要 5 个飞行架次，总计飞行时间为 205 min。其他详细参数见表 4-3。

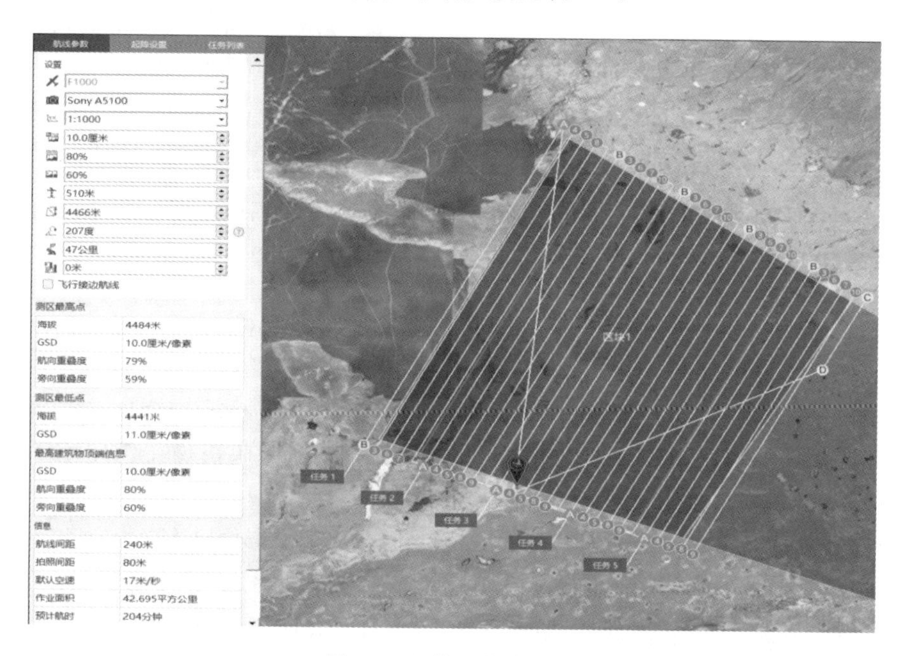

图 4-9　区块 1 航线设计

4.2.3　研究区像控网布设及 RTX 测量

盐湖测区地形平坦，属于高寒草甸区，植物草层低矮，结构简单，层次分化不明显。土地覆被由高寒草甸、裸土、湖面冰层以及少量水面构成。作业时属于草甸非生长季，呈现一片枯黄。由于缺少人工构筑物和道路，数码影像纹理单一，无明显地物特征，而喷涂油漆或者设置标志物会破坏保护区的环境。为此专门设计了 PVC 材质的圆形靶标，直径为 1 m，采用黑白相间纹理形成强烈反差便于后期图像辨识，样式如图 4-10(a)所示。因测区风速大容易吹走 PVC 靶标，故利用铁丝插入土层进行固定。图 4-10(b)所示是航摄相片上被拍摄的靶标放大效果，人眼可以清晰辨识。图 4-10(c)所示是按照预先设计、建立的像控点网格。利用 Trimble SPS 985 接收机和 RTX 星载差分技术测量了每个像控点的坐标。设定测区坐标系统参数为：CGCS 2000、3°分带、高斯克吕格投影、中央子午线 93°E，EPSG ID 为 4540。GPS 作业时，采用重复测量和相互验证方式确保像控

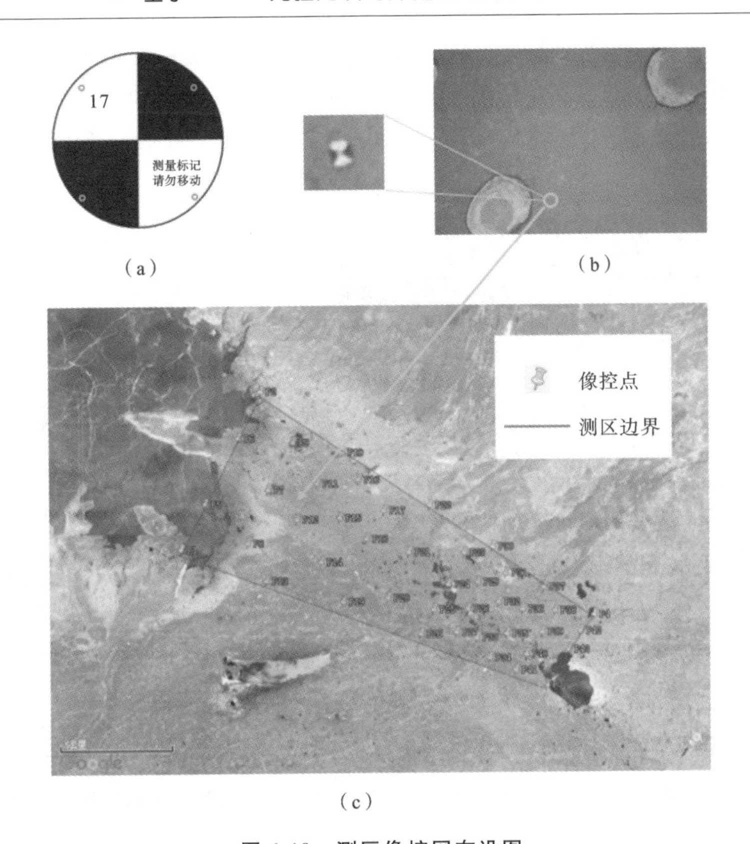

(a) (b) (c)

图4-10 测区像控网布设图

(a) 采用PVC材料定制的像控点靶标;(b) 无人机拍摄影像中采集到的像控点;
(c) 盐湖测区像控点的布设网络图

点和检查点的测量精度。

4.2.4 空天地水协同的研究区DEM和DOM数据生成

采用飞马F1000无人机航摄系统,历时15天共计采集了4820张有效照片,利用Trimble SPS 985 RTX接收机布设并测量了42个像控点和44个检查点。基于以上空天地数据,在高性能图形工作上用Pix4D Mapper软件进行半自动化处理。图形工作站的配置:CPU为双路Intel(R) Xeon(R) CPU E5-2650 v3 @ 2.30GHz,RAM大小为64GB;GPU采用NVIDIA GeForce GTX 980 Ti;操作系统为Windows 7 Professional,64-bit。Pix4D软件中设置空间参考系统为CGCS2000坐标系、高斯克吕格投影、3°分带,中央经线93°E,高程系统采用1985国家高程基准。经过自动化处理后,获得面积为108.5 km^2、格网间隔为9.86 cm的研究区DOM和DSM(Digital Surface Model)数据。由于测区内无林木与房屋覆盖，且陆地覆盖以裸土和砂石为主，因此该区域的 DEM 数据近似于 DSM 数据。所获取的数据分别如图 4-11 和图 4-12 所示。

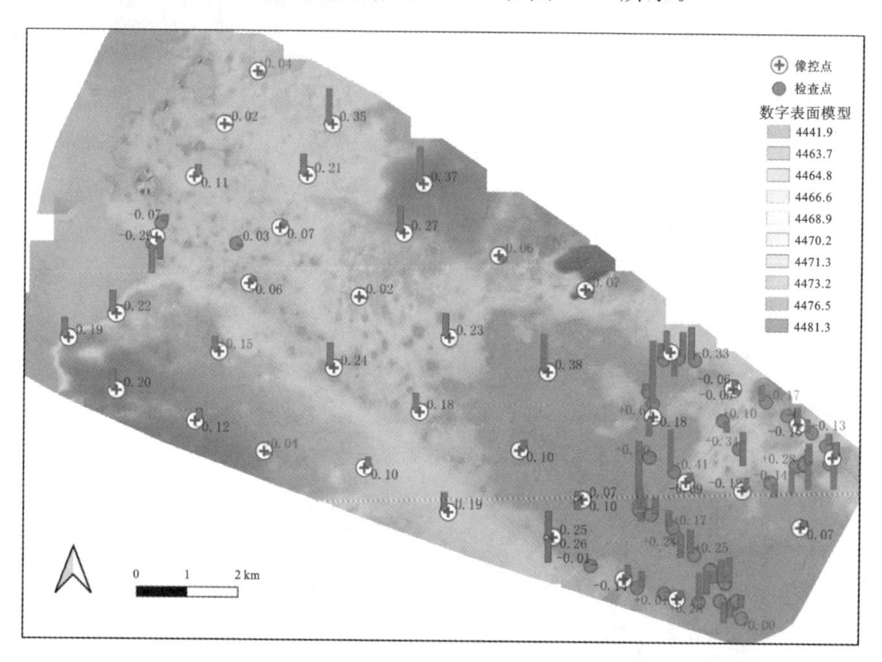

图 4-11　空天地协同获取的盐湖潜在漫溢外流区 DEM 数据及其精度评价结果

从图 4-11 所示可知，研究区范围内 DEM 最大高程为 4 4xx. 9 m（为了数据安全管理需要，高程值十位和个位以“x”显示，下同），最小高程为 4 4xx. 3 m。盐湖东岸向东南方向下游 5. 5 km 范围内的高程差仅 3 m 左右。进入清水河后，河道落差明显增加，4.0 km 范围内落差达到 7 m。相对而言，西南部和东北部地势稍高，中部往东南部地势略低，这表明研究区高程起伏很小，地形相对平坦。研究区平坦地形特征给基于传统 D8 算法的河网水系提取带来了困难，而本章提出的将水文地貌先验知识集成到 DEM 中构建 DXM，利用先验知识辅助 DEM 提取河网水系，为青藏高原这种地势相对平坦地区的河网水系建模提供了新思路。

青藏高原自然条件恶劣，因此，其 DXM 中的先验知识很难通过现场实地采集，但可以从高精度 DOM 中提取。如图 4-12 所示，从研究区的 DOM 影像上看，位于西北方向的盐湖和东南方向的清水湖均处于冰冻状态，且清水河已冰冻断流。经人工目视解译，除盐湖和清水湖外，测区分布了大小湖泊共计 273 个，其面积从 466 m^2 到 14 780 m^2 不等，个别湖泊没有结冰。测区内无明显植被覆盖，自盐湖东岸至青藏公路之间人工建筑物只有索南达杰自然保护站。影像细

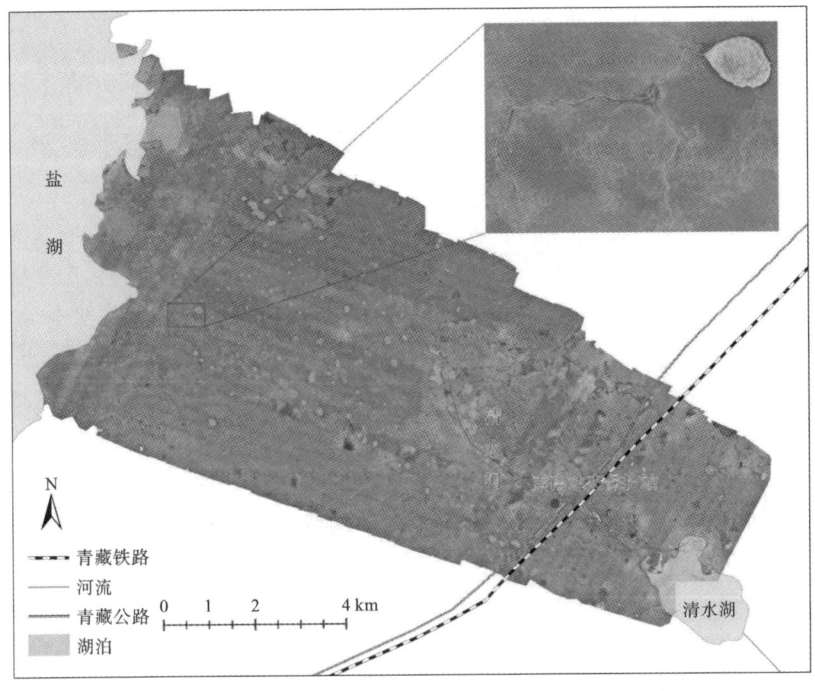

图 4-12 空天地协同获取的盐湖潜在漫溢外流区正射影像

节清晰，色彩均匀。从高清影像上可以分辨出地表白色盐渍痕迹以及桥梁和涵洞等与径流相关的水文地貌要素，因此，高精度 DOM 能够为研究区 DXM 构建所需先验知识的获取提供数据支持。

4.2.5 研究区 DEM 和 DOM 数据精度评价

经 SFM 软件处理生成了正射影像 DOM、数字表面模型 DSM，需要对其数据质量进行检查。为评估 DSM 的精度，采用两种方式：一是 SFM 数据处理软件输出的数据质量分析报告，如连接点误差、像控点误差，用均方根差、X-Y-Z 差值以及像素匹配误差等指标来表示，这些参数反应了生成的点云及相机曝光点位置与场景目标的符合性程度[158]；二是依据现场 GPS 测量的检查点(Check Point，CP)坐标值，采用数学统计方法计算 X、Y、Z 三个分量的偏差。本章采用的统计指标包括平均误差(ME，式(4.3))、均方根误差(RMSE，式(4.4))和标准偏差(SDE，式(4.5))，分别如下所示。

$$\mathrm{ME} = \frac{\sum_{i}^{n} Z_{\mathrm{sfm}} - Z_{\mathrm{cp}}}{n} \tag{4.3}$$

$$\text{RMSE}=\sqrt{\frac{\sum_{1}^{n}(Z_{\text{sfm}}-Z_{\text{cp}})^2}{n}} \tag{4.4}$$

$$\text{SDE}=\sqrt{\frac{\sum_{1}^{n}[(Z_{\text{sfm}}-Z_{\text{cp}})-(\overline{Z_{\text{sfm}}}-\overline{Z_{\text{cp}}})]^2}{n}} \tag{4.5}$$

其中，ME(Mean Error)表示平均误差；RMSE(Root Mean Squared Error)表示均方根误差；SDE(Standard Deviation Error)表示标准偏差；Z_{sfm}表示基于SFM生产的DSM高程值；Z_{cp}表示用差分GPS测量的检查点的高程值；$\overline{Z_{\text{sfm}}}$表示基于SFM生产的DSM高程平均值；$\overline{Z_{\text{cp}}}$表示用差分GPS测量的检查点的高程平均值；$n$表示样本数。

利用上述统计量分析了研究区采集生成的DEM平面和高程精度，如图4-13所示。从图上看，X、Y、Z三个方向的平均误差(ME)分别为－0.001 m、0.002 m、－0.004 m；相应地，X、Y、Z三个方向的标准偏差(SDE)分别为0.04 m、0.035 m、0.21 m。从误差分布看，近盐湖一侧高程精度优于测区东南方向的精度(见图4-12)。由此可见，飞马F1000无人机航摄系统在高原地区的适应性较好，获取的研究区DEM和DOM数据精度高。

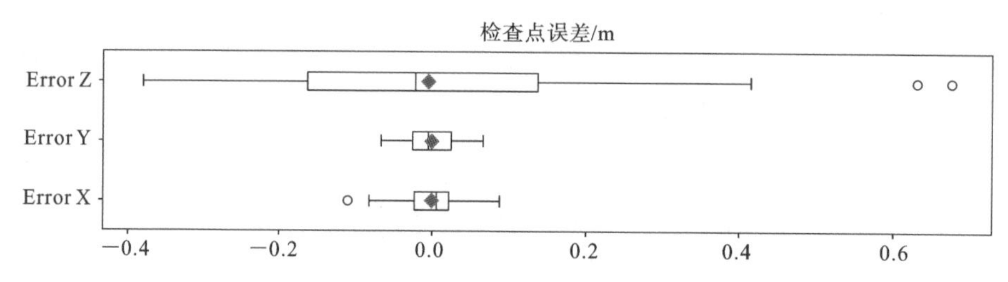

图4-13　研究区UAV-SFM生成的DEM精度评价

4.3　基于不同DXM的研究区水文要素提取

4.3.1　DXM实验方案设计与构建

1. 基于不同分辨率DEM与不同先验知识的DXM构建方案

为了检验基于DXM的高精度河网水系提取方法的稳定性及有效性，本书设计了如表4-4所示利用不同水文地貌先验知识和不同精度DEM建立的几种DXM方案，并提取了相应的数字河网。首先，为了检验DEM分辨率对研究区数字河网提取精度的影响,采用不同 DEM 数据源提取了相应的数字河网,其中 Case_A 采用 12.5 m 分辨率的 DEM,而 Case_B、Case_C1、Case_C2 和 Case_C3 采用的是 UVA-SFM 获取并重采样后的 0.5 m 格网高精度 DEM;其次,在数据源一致的情况下,为研究不同先验知识构建的 DXM 对河网提取结果的影响,设计了 4 组实验方案,其中 Case_B 利用无先验知识的 DXM 模型,Case_C1 利用桥涵信息构建 DXM 模型,Case_C2 利用水流痕迹构建 DXM 模型,而 Case_C3 则利用综合桥涵信息和水流痕迹信息构建 DXM 模型。需要注意的是,为保证结果的可比性,各组研究均采用同一算法,并设置相同的汇流累积量阈值(0.1 km^2)进行数字河网提取。

表 4-4 基于不同精度 DEM 和不同水文地貌先验知识建立的几种 DXM

DXM 名称	DEM 类型	水文地貌先验知识
Case_A	ALOS 12.5 m	无
Case_B	UAV-SFM DEM 0.5 m	无
Case_C1	UAV-SFM DEM 0.5 m	涵洞(4 个)
Case_C2	UAV-SFM DEM 0.5 m	水流痕迹 21 条
Case_C3	UAV-SFM DEM 0.5 m	水流痕迹 21 条、涵洞 4 座

2. 基于 DOM 的 DXM 水文地貌先验知识提取

先验知识对河网提取具有非常重要的影响,因此,为更加清晰地提取相关要素,以 SFM 获得的高精度 DOM 数据为底图,在 GIS 工具中交互式绘制了湖泊、河流、桥梁涵洞、公路和铁路等水文地貌要素。特别地,由于研究区地势较为平坦,水流痕迹并不明显,但在 DOM 中发现图像上存在大量白色盐渍痕迹。白宇明等[159]对盐湖湖水采样分析的结果显示矿化度较高,说明周边盐类矿物资源丰富。冰雪融水和天然降水形成径流冲刷地面,使得盐类矿物沿着汇流路径长期富集后并经蒸发析出,形成白色盐渍化纹理,对水流的汇流路径具有良好的示踪效果。因此,本书首次依据高清 DOM 影像中的地表白色盐渍痕迹,经目视解译形成水流痕迹矢量线。最后,选取了水流痕迹 21 条、桥下涵洞 4 座作为构建研究区 DXM 的水文地貌先验知识数据,如图 4-14 所示。

4.3.2 基于不同 DXM 实验方案的研究区河网水系提取

分别提取利用不同 DEM 和不同水文地貌先验知识构建的 DXM,得到的研究区相应河网结果如图 4-15 所示。其中蓝色线表示提取的河流,紫色线表示水迹,黑色线是基于高清遥感影像提取的实际河网,红色三角形表示实际桥涵。从

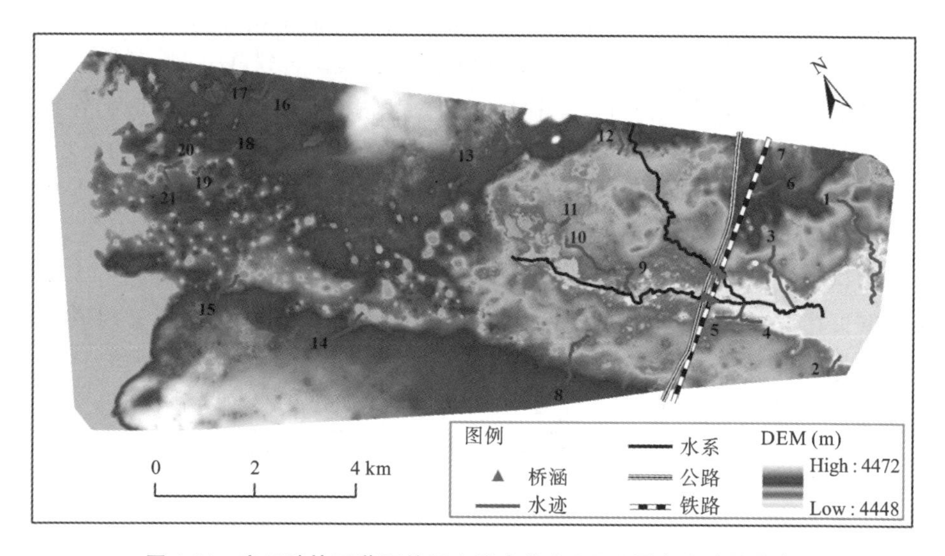

图 4-14　空天地协同获取的研究区高精度 DEM 及水文地貌要素

注：紫色实线表示从 DOM 中提取的水流痕迹，每条痕迹都有一个数字编号；黑色实线表示两条支流。

直观层面可以看出，图 4-15 所示中不同 DXM 提取的河网水系存在明显的差异，特别是图 4-15(a)所示中的河网与图 4-15(b)～(e)所示中的河网有着明显的区别。图 4-15(b)～(e)所示中的河网在整体上区别不大，但在局部区域却有着明显的差异。

图 4-15 中的 Region＃1 所示区域为桥涵位置，通过对比不难发现，基于不同 DXM 提取的该位置河网结果存在明显的区别。为了更直观地展示桥涵对河网提取的影响，将部分 DXM 方案的河网提取结果中的 Region＃1 位置进行了放大(见图 4-16)。图 4-15(a)显示，基于 ALOS 12.5 m DEM 加不包含桥涵先验知识的 DXM(即 Case_A)的提取结果不理想，提取的河网没有穿过桥涵，表现出较差的河网提取质量；图 4-15(b)所示是基于 UAV-SFM 0.5 m DEM 加不包含桥涵先验知识的 DXM(Case_B)提取的河网，可以看出，水系在桥涵处被阻断而沿着路基坡地绕行，并在不存在桥涵的位置直接越过了公路，表明 Case_B 在桥涵处提取了错误的水系；图 4-15(c)对应的 Case_C3 则是在 Case_B 的基础上加上桥涵先验知识构建 DXM 后提取的河网，可以看出，提取的水系在涵洞先验知识的引导下正确地穿越了涵洞，相较于 Case_A 和 Case_B 表现出更合理的河网提取结果。图 4-15(d)所示为上述几种基于不同 DXM 的河网提取结果的空间叠加，更好地说明了增加桥涵先验知识能有效提升河网提取质量。

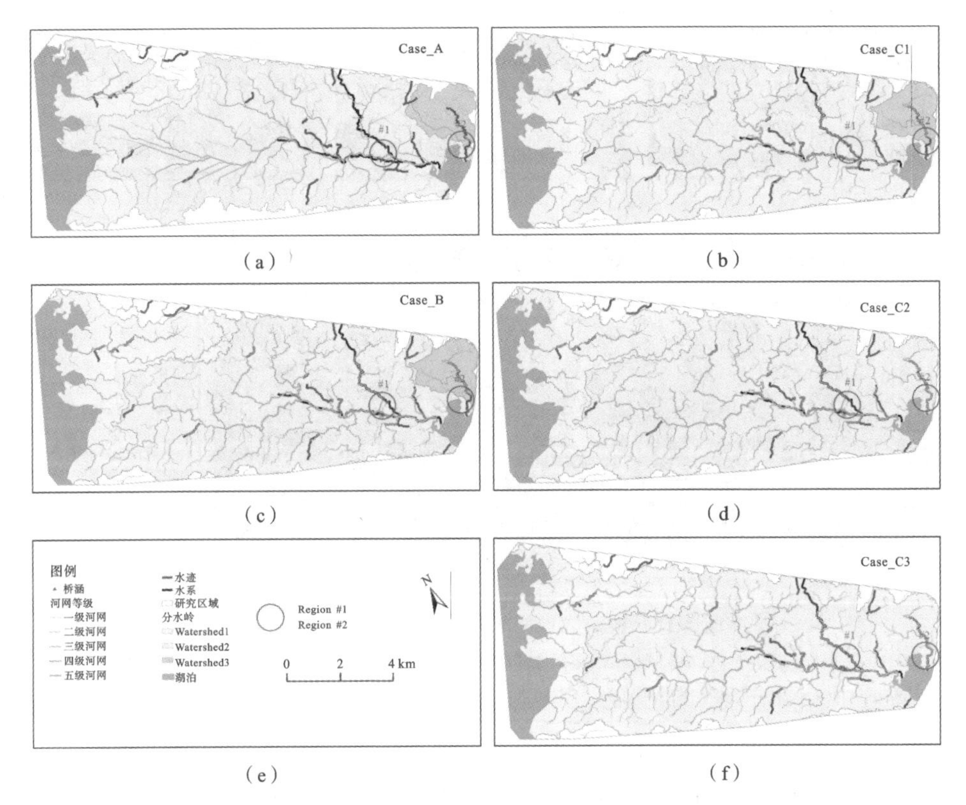

图 4-15 利用不同 DEM 叠加不同水文地貌先验知识构建的 DXM 得到的研究区河网

注:图 4-15(a)～图 4-15(e)分别对应表 4-4 中的 5 种 DXM 方案,紫色和黑色实线分别对应图 4-14 所示中提取的水迹和两条干流水系。

4.3.3 基于不同 DXM 实验方案的研究区分水岭提取

基于不同方案 DXM 提取的分水岭结果如图 4-17 所示。Case_A、Case_B 和 Case_C1 将研究区划分为 3 个子流域,而 Case_C2 和 Case_C3 只划分为 2 个子流域。对比图 4-17(a)和图 4-17(b)可以看出,基于 ALOS 12.5 m DEM(Case_A)提取的分水岭,与相同条件下基于 UAV_SFM 0.5 m DEM(Case_B)提取的分水岭的位置相差极大,形状也不相同,表明 DEM 的精度对分水岭提取具有非常大的影响。对比基于相同 DEM 加不同水文地貌先验知识构建的 DXM 而提取的分水岭结果(Case_B、Case_C1、Case_C2 和 Case_C3),可以发现 Watershed 1 与 Watershed 2 的分水岭边界完全重合,即盐湖流域与清水湖流域的分水线完全重叠。

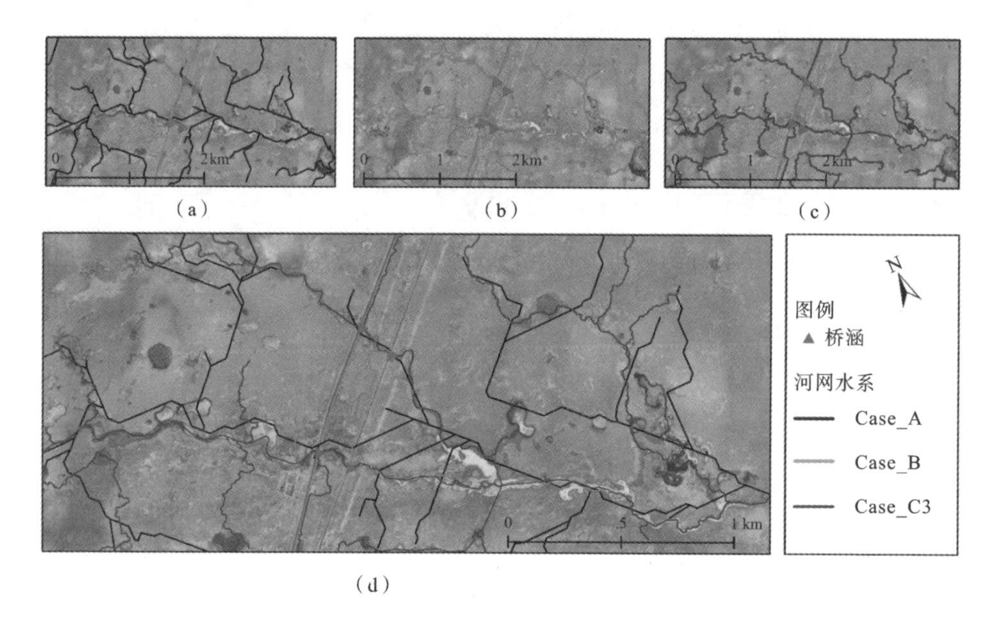

图 4-16　桥涵先验知识对提取河网水系的作用

注：图 4-16(a)基于 ALOS 12.5m DEM 提取河网；图 4-16(b)基于 UAV_SFM 0.5 m DEM 提取河网；图 4-16(c)基于 UAV_SFM 0.5 m DEM 加桥涵先验知识构建的 DXM 提取河网；图 4-16(d)3 种河网提取结果叠加。

对基于相同 DEM 加不同水文地貌先验知识构建的 DXM 所提取的分水岭进行细致分析，可以进一步发现，水迹引导作用对分水岭的提取影响明显。在没有水迹的引导作用下，研究区被划分成了 3 个子流域(见图 4-17(b)和图 4-17(c))，而加入水迹先验知识后，研究区被划分成了 2 个子流域(见图 4-17(d)和图 4-17(e))，由此可见，水迹对分水岭的提取有较大作用。图 4-15 所示中的 Region＃2 是流域划分的关键位置，该位置放大后的分水岭提取结果如图 4-18 所示。图 4-17(a)和图 4-17(b)所示是基于不同精度 DEM 且没有考虑水迹引导作用时的分水岭提取结果(Case_A 和 Case_B)。从高清 DOM 中可以发现，此处存在明显的水流痕迹(1 号水迹)，但 Case_A 和 Case_B 提取的水系并没有通过 1 号水流痕迹，而是错误地从 DEM 边缘流出，以至形成了 2 个子流域。图 4-17(c)所示是基于考虑水流痕迹引导作用后的 DXM 所提取的河网水系(Case_C2)，结果显示在 1 号水迹(图 4-18 所示中靠近研究区边界的紫色实线)的引导下，水系被正确地引导进入了下方的清水湖，从而将 Watershed 2 和 Watershed 3 合并为一个水域。从高清 DOM 影像上分析，由于存在明显的水迹信息，Watershed 2 应通过 1 号水迹与清水湖连接，而不应单独形成一个子流域。

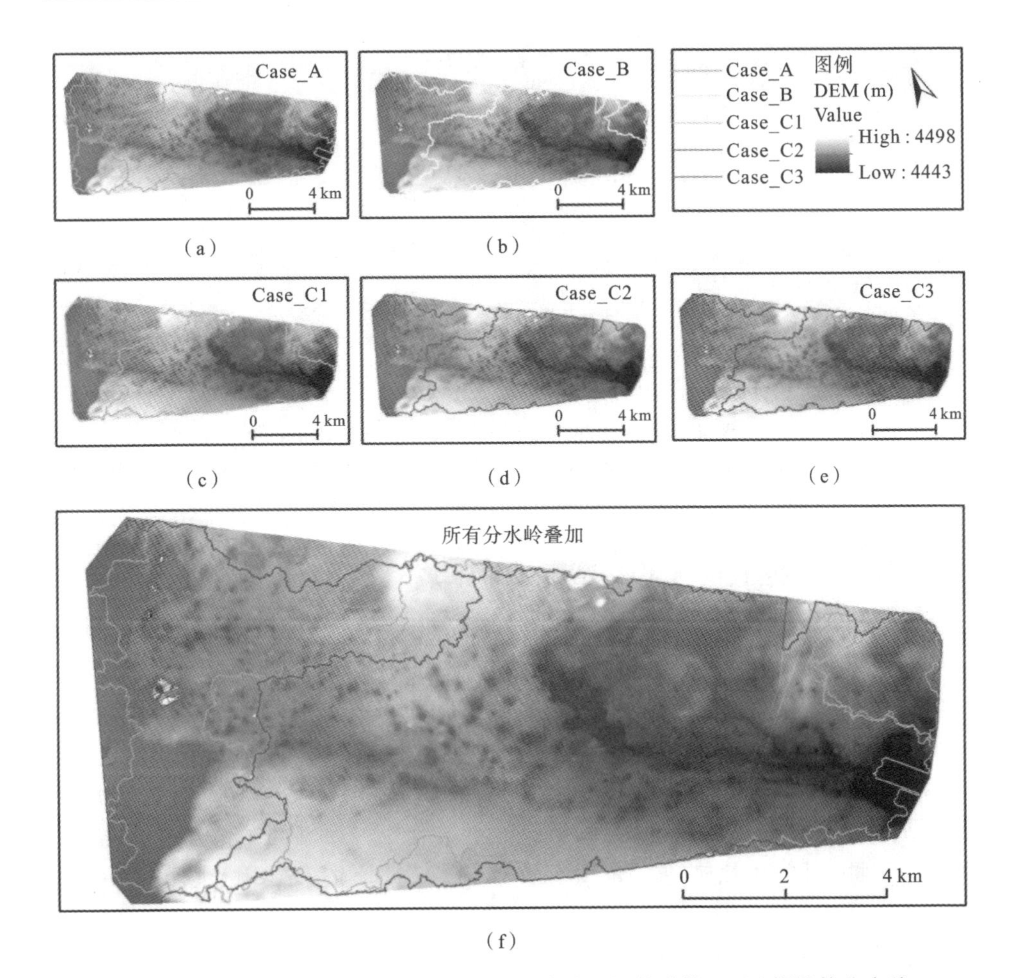

图 4-17 利用不同 DEM 加不同水文地貌先验知识构建的 DXM 提取的分水岭

注:图 4-17(a)~(e)分别对应表 4-4 中的 5 种 DXM 方案提取的分水岭,图 4-17(f)为 5 种提取结果的叠加显示。

因此,Case_C2 提取的流域符合实际情况,具有更高的准确性。以上结果表明,水迹对流域及分水岭的提取具有重要作用,可能会直接影响流域和分水岭的划定。

4.3.4 基于 DXM 的河网水系提取精度评价

为了验证基于不同 DXM 实验方案的河网水系提取结果精度,利用在高清 DOM 影像上描绘的 21 条水迹和 2 条干流水系(见图 4-14)作为基准,分别从视觉对比和统计分析两个方面对提取质量进行定性和定量评价。

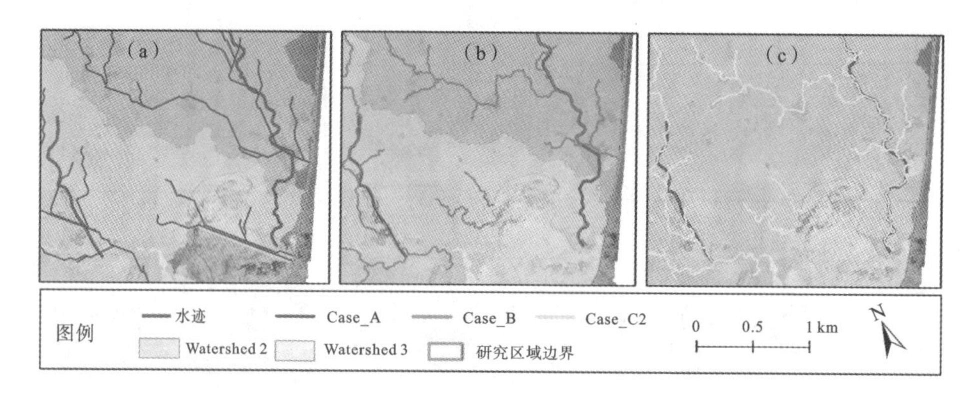

图 4-18 水迹先验知识对提取分水岭的作用

注:图 4-18(a)为基于 ALOS 12.5 m DEM 的提取结果;图 4-18(b)为基于 UAV_SFM 0.5 m DEM 提取结果;图 4-18(c)为基于 UAV_SFM 0.5 m DEM 加水迹构建 DXM 提取结果。

1. 基于视觉对比的河网水系提取质量评价

视觉对比是验证河网水系提取结果和评价质量好坏的最简单、最直接的方法。该方法将提取的河网水系与实际的高分辨率遥感影像进行空间叠加,从视觉上对河网水系的整体结构和局部形态进行对比,能够很容易地发现虚假水系连通、弯曲河道短接、干流位置偏移以及河网提取遗漏等拓扑错误,分析河流形态、子流域和分水岭等空间结构特征及差别。尽管视觉对比的分析结果具有较强的主观性且可能难以复现,不适合检测河网间细微差异,但由于其易操作性,目前仍然被广泛应用于从宏观上定性评估 DEM 衍生河网水系的质量[60,160~164]。

如图 4-15 所示,将基于不同 DXM 的河网水系提取结果与实际河流(黑色实线)进行视觉对比,不难发现,Case_A 提取的河网与真实河网相比,其吻合程度并不好,说明提取质量不是很理想(见图 4-15(a))。相较于 Case_A,Case_B 和 Case_C2 提取的河网与真实河网的吻合度要更好,但在局部出现了不重合现象,说明提取质量整体有所改善,但仍然存在瑕疵(见图 4-15(b)和图 4-15(d))。除此之外,Case_C1 和 Case_C3 的提取结果与真实河网的吻合程度较好,尽管在细微部位的重叠度不是很好,但整体上展现出良好的提取质量(见图 4-15(c)和图 4-15(e))。

通过高清遥感影像获取的水流痕迹能够很好地展示河网水系的构成。从图 4-15 中可以看出,没有加入水迹作为引导而提取的河网与水迹的吻合程度非常差(Case_A),大多数河流并没有通过这些水流痕迹,再次说明 Case_A 的提取质量与真实情况相比不理想。在图 4-15(b)和图 4-15(c)所示中,Case_B 和 Case_

C1 均是基于没有水迹引导的 DXM 提取的河网水系，可以看出，整体上与实际水迹吻合程度较好，在局部位置的吻合程度不好(如 Region#2 位置)，说明提取质量并不十分理想。在图 4-15(d)和图 4-15(e)所示中，Case_C2 和 Case_C3 则是基于水迹引导的 DXM 提取结果，可以看出，提取的河网水系中大部分均能够与水迹吻合，表现出良好的提取质量。

从高精度 DOM 遥感影像可知，研究区在整体上应该分为上、下两个子流域，即盐湖流域和清水湖流域(见图 4-12)。从提取的流域和分水岭结果可以看出，Case_A 提取的盐湖与清水湖流域的分水岭较为粗糙，并且将清水湖流域划分成了两个子流域(见图 4-17(a))，表明 Case_A 提取的河网水系质量不理想。Case_B 和 Case_C1 提取的盐湖与清水湖之间的分水岭虽然符合实际情况，但均将清水湖流域划分成了两个子流域(见图 4-17(b)和图 4-17(c))，结果与实际情况不符合，说明流域和分水岭提取存在较大误差。Case_C2 和 Case_C3 提取的流域和分水岭都与实际情况相符合(见图 4-17(d)和图 4-17(e))，表明提取的分水岭及流域质量较好。这些在对图 4-15 所示中 Region #2 号位置进行放大后的图 4-16 中可以得到更加清晰的印证。

2. 基于统计分析的河网水系提取质量评价

统计分析是对河网水系提取质量进行定量评价的常用方法。Persendt 和 Gomez 使用总河长、弯曲度和 Strahler 的河网级数[165]值来量化用不同方法提取河网的准确性[61]，Yan 等[166]通过计算河网一定距离内实测涵洞占流域内涵洞总量的比例来评估提取河网的精度。Wu 等[60]采用整体精度和 kappa 系数两个统计指标来评估提取的分水岭和河网的符合程度。Rana 和 Suryanarayana[161]用 Jaccard 距离来评估 Cartosat 和校正后的 ASTER DEM 提取分水岭边界的相似性。此外，缓冲区百分比(Percentage Within the Buffer，PWB)和平均距离(Mean Distance，MD)法也是广泛应用于河网水系提取质量评价的统计、分析方法[160]。

由于研究区地处自然条件恶劣、人迹罕至的青藏高原可可西里地区，缺乏真实的河网水系分布图。因此，从 UAV-SFM 获取的高精度 DOM 影像(见图 4-12)中提取显而易见的水系和水流痕迹作为评价参考基准(见图 4-14)。由于水迹信息具有离散的特点，人工勾画存在不确定性，而实际河流路径涵盖了河流宽度范围[160]，因此，提取的水系与参照水系的矢量线可能并不完全重叠。为此，分别将参考水系和提取水系进行指定像元数的缓冲区分析，然后计算两个缓冲区面的重叠度，并将其作为提取河网与参考河网之间吻合程度的度量指标，即河网水系的提取质量。该方法可称为缓冲区百分比法，计算公式如下：

$$\mathrm{PWB}(A,B)=|A\cap B|/|A| \tag{4.6}$$

式中，

$$A=\mathrm{Buffer}(\mathrm{Ref},r) \tag{4.7}$$

$$B=\mathrm{Buffer}(\mathrm{DNs},r) \tag{4.8}$$

其中，Ref 表示参考基准水系，DNs 表示提取数字河网中与参考基准水系对应的河段和水系；r 是缓冲区半径。式(4.7)表示基准参考水系缓冲区，式(4.8)表示与参考基准水系对应的河段和水系的缓冲区。$\cap$ 表示集合求交运算，$|.|$ 表示缓冲区像素计数，PWB(A,B)表示 B 在 A 缓冲区的百分比。

如前所述，研究区的参考水系为从 UAV-SFM 获取的 0.5 m 分辨率 DOM 影像中提取的 21 条水迹和 2 条干流水系（见图 4-14）。由于目前缓冲区的大小选取还没有统一标准，本书参考相关文献使用河宽作为缓冲区半径[160]，结合研究区实际情况，最终缓冲区半径采用 20 个像素宽度，即 10 m。首先，对参照水系中的 21 条水流痕迹和 2 条河流设定 10 m 缓冲区；其次，将各个 DXM 方案提取的河网所对应位置的水系截取出来，并设定相同的 10 m 缓冲区；再次，将提取水系的缓冲区与参照水系的缓冲区栅格化；最后，通过 GIS 叠加分析得到定量的质量评价结果，如表 4-5 所示。图 4-14 所示中的总像元数是 21 条水流痕迹和 2 条河流缓冲区内像元的总数量，准确像元数是基于 DXM 提取的河网水系缓冲区内像元与参考水系缓冲区内像元重叠部分的像元数量，准确率是准确像元数与总像元数的比值。

表 4-5 所示中的定量数据表明，从 Case_A 到 Case_C3，河网水系提取结果的准确率呈现递增趋势。基于 ALOS 12.5 m 分辨率的 DEM 且没有水文地貌先验知识的 Case_A，其提取准确率最低，只有 9.22%，远小于 50%，表明 Case_A 的提取质量很差。基于 UAV-SFM 亚米级分辨率 DEM 的 Case_B、Case_C1、Case_C2 和 Case_C3，其准确率分别为 73.75%、74.43%、79.71%和 87.85%，均远大于 50%，说明本书提出的基于 DXM 的河网水系提取方法具有很好的鲁棒性。特别是，增加了 21 条水流痕迹和 4 个涵洞等水文地貌先验知识的 Case_

表 4-5 基于不同 DXM 的研究区河网水系提取质量对比

DXM	总像元数	准确像元数	准确率
Case_A	658 383	60 685	9.22%
Case_B		485 555	73.75%
Case_C1		490 014	74.43%
Case_C2		524 766	79.71%
Case_C3		578 369	87.85%

C3 的提取准确率高达 87.85%，相较于同等情况下没用先验知识引导的 Case_B，其准确率提高了 14.1%，提取质量的提升效果十分明显。

4.3.5 讨论

通过设计和构建不同 DXM 实验方案，分别提取了不同实验方案下研究区的河网水系，通过对提取结果进行分析发现，DEM 分辨率以及先验知识对河网提取结果具有非常重要的影响作用。

1. DEM 分辨率对青藏高原平坦地区河网水系提取的影响

DEM 数据是数字河网提取的基础，已有研究表明，DEM 精度对河网水系提取结果具有重要影响[65,160,163,167,168]。研究区的地势比较平坦，上述实验方案中，Case_A 和 Case_B 分别采用的是 ALOS 12.5m 分辨率 DEM 和基于 UAV-SFM 获取的亚米级分辨率 DEM。从两者提取的河网结果可以清楚地发现，Case_B 的提取质量明显好于 Case_A 的(见图 4-15)。由于 Case_A 和 Case_B 的差别仅仅在于 DEM 的分辨率，因此，这可以充分验证 DEM 的精度对平坦地区河网水系的提取结果影响巨大。

已有研究表明，河流长度、河网密度等水文统计数据可以用来辅助定量评价河网提取质量。河网密度是指单位流域面积内的河流长度，可表示为：

$$R_f = \frac{\sum l_i}{A} \tag{4.9}$$

式中，R_f是流域河网密度；l_i为第 i 条河的长度(m)；A 为流域面积(km^2)。

图 4-19 所示是利用不同 DXM 提取河网水系以后，根据式(4.9)分别计算

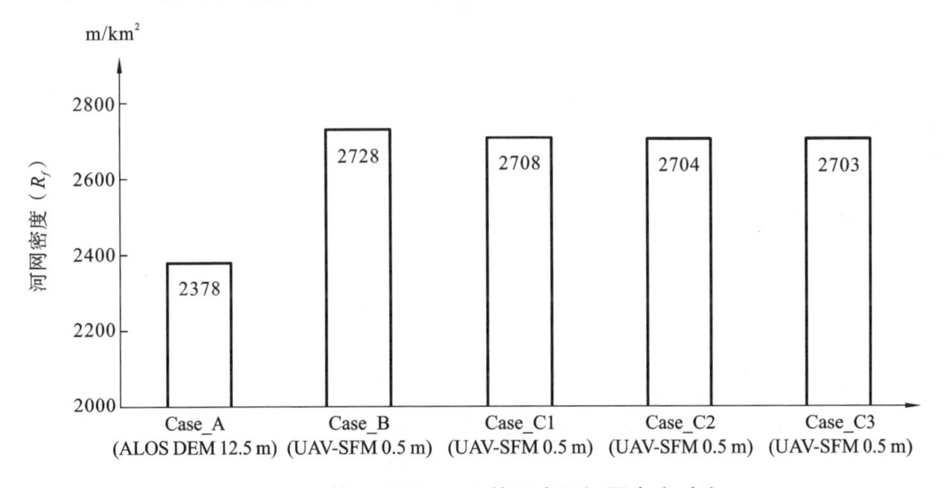

图 4-19 基于不同 DXM 的研究区河网密度对比

得到的研究区河网密度，其中 Case_A(DEM 为 ALOS 12.5 m 分辨率)的河网密度最为稀疏，仅为 2 378 m/km^2，而 Case_B、Case_C1、Case_C2 和 Case_C3(DEM 均为 UAV-SFM 亚米级分辨率)的河网密度整体上近似相等，变化并不十分明显，但都比 Case_A 提高了大约 13%。这主要是由于在平坦地区高分辨率的 DEM 能够更好地刻画局部微地形，进而使得低等级河网能够被很好地提取出来，河源位置也会随之变化，最终使得河网密度随之增高。

从提取的河网等级(见图 4-15)来看，尽管 Case_A(ALOS 12.5m DEM)和使用 UAV-SFM 亚米级 DEM 的 Case_B 都可提取五级河网，但 Case_A 中存在大量平行河网的病态结构，与自然界的河网形态不相符。究其原因，主要是因为随着低分辨率 DEM 栅格像元尺寸的增大，局部微地形被平坦化，增加了平地网格流向的不确定性，提取的河道比较平直，出现了平行河网。此外，粗分辨率 DEM 也影响提取的河网总长度[169]，因为大尺寸的网格单元使得河段变得顺直，在高分辨率 DEM 中由于微地形被很好地刻画，低等级河流能够被清楚地划分出来[61]。但粗分辨率 DEM 提取的低等级河网会消失。

当然，虽然高分辨率 DEM 能够更加准确地描述平坦地区地形的精细起伏特征，但过高的分辨率使得地表粗糙度增加，且数据量成几何级数增长，给现有的河网提取算法带来了巨大挑战。

2. 水文地貌先验知识对青藏高原平坦地区河网水系提取的辅助作用

1) 桥涵在河网水系提取中的引导作用

已有研究表明，桥梁和涵洞影响河网水系的提取结果[170]。尽管 DEM 包含了丰富的道路和桥梁等地物信息，但没有表示穿过桥梁和涵洞的水流通道，桥梁和涵洞阻挡了水体向前流动，形成狭长又低平的水坝从而生成大范围洼地，在低洼地区尤其突出[87,171]。因此，需要对桥梁和涵洞进一步处理，以最大限度地减少流向计算错误，避免产生不连续的河网水系。图 4-15 所示中的 Region ＃1 位置为研究区桥涵所在的低洼位置。图 4-16(a)和图 4-16(b)所示是未使用已知桥涵先验知识提取的该位置数字河网，其中图 4-16(a)所示的 Case_A 由于采用低分辨率 DEM，故提取质量和河网密度明显低于图 4-16(b)所示采用高分辨率 DEM 的 Case_B，再一次验证了前文讨论的 DEM 分辨率对河网提取结果的影响。不仅如此，在 DEM 分辨率相同的条件下，如图 4-16(b)所示未使用已知桥涵先验知识的 Case _B 提取的水系在桥涵处被错误地阻断；而如图 4-16(c)所示使用了桥涵作为先验知识的 Case _C 提取的水系则在涵洞位置正确通过，获得了与高清影像上一致的河网水系。这就表明桥涵在河网水系提取中的引导作用十分显著。

2) 水流痕迹在河网水系提取中的引导作用

已有研究用已知水系地图烧录(Burning in)DEM 时，须先剔除不连通的水系，只将拓扑连接的水系刻入 DEM 来引导河网提取，这可能导致部分对河网提取有用的信息被忽视，进而影响河网提取的精度[60,172]。研究区受自然条件的限制，没有已知的河网水系图，只能通过在高清影像上人工解译水流痕迹等水文地貌先验信息，用来辅助提取河网水系。如图 4-14 所示，本书从 GSD 为 0.10 m 的高清影像上提取 21 条水流痕迹，辅助 D8 算法确定平坦地形条件下的水流流向。从图上可看出，水流痕迹随机分布于研究区，彼此独立，互不相连。

通过逐一加入 21 条水流痕迹，发现 2～21 号水流痕迹并未改变河网的空间格局，只对水流流向的确定产生了引导作用，而 1 号水流痕迹的加入则直接导致子流域划分结果的改变。图 4-17(a)(b)和(c)是没有水流痕迹引导时研究区被划分成的 3 个子流域，而图 4-17(d)和图 4-17(e)则是在水流痕迹的引导作用下被划分成的 2 个子流域。它们的区别在于图 4-17(d)和图 4-17(e)中的 Watershed 3 被合并到 Watershed 2 中。从高清影像上判断，Watershed 2 和 Watershed 3 之间存在水力连接，因此，图 4-17(d)和图 4-17(e)更加符合实际情况，将它们分开是不准确的。由此可见，水流痕迹对确定 D8 算法中的水流流向具有引导作用，但不同空间位置的水流痕迹，其引导作用的大小存在较大差别。

已有研究证实了 DEM 的数据范围影响河网提取结果[80]，这是由于 DEM 边界格网没有足够的邻域高程信息，导致边界上低洼点的流向追踪过程提前结束，水流被误判为流出了 DEM 边界，形成错误的出水口。可能受此影响，在研究区东南部生成了错误的出水口，错误地划分了子流域 Watershed 3，并且在 Watershed 2 和 Watershed 3 之间错误地产生了分水线。一般地，通过扩大 DEM 的数据范围，就会有足够的信息辅助流向计算，帮助判断位于 DEM 边界附近的格网是否真正流出边界，降低 DEM 边界效应的影响。与此不同，本书借助水流痕迹的引导作用，通过改变局部水流方向来辅助提取分水岭。在图 4-17(e)所示中，通过 Region ＃1 号水流痕迹的引导作用，Watershed 3 中的径流被引导进入 Watershed 2，使 Watershed 2 和 Watershed 3 两个子流域合并为一体，得到了与高清影像一致的分水岭结果。

3. DXM 模型的可扩展性

针对传统的基于 DEM 的平坦地区河网水系提取过程中经常存在的水流流向不易确定的问题，本章提出了一种 DEM 加水文地貌先验知识的平坦地区河网水系提取新方法。该方法把与河网水系密切相关的水文地貌信息作为先验知识，并利用它们对 DEM 进行扩展，建立包括高程信息和先验知识的 DXM 模型，实现了借助水文地貌先验知识辅助 DEM 的河网水系提取，提高了平坦地区河网水系的提取质量。

DXM 是对 DEM 的扩展，除了已有的高程信息，还增加了水文地貌先验知识。所以，在地势平坦地区，当仅靠DEM中的高程信息提取河网水系而陷入迷乱状态时，这些水文地貌先验知识可以发挥其对河网水系的引导作用，从而辅助D8等河网水系提取算法做出正确判断。作者将地势平坦的青藏高原可可西里盐湖地区的不同水文地貌先验知识集成到具有不同分辨率的DEM中，构建了多种不同的DXM模型，并基于每一种DXM提取了研究区的河网水系。通过对比分析，可以得出如下结论：DEM分辨率对平坦地区河网水系的提取具有非常直接的影响，DEM精度越高，提取质量越好；在DEM分辨率相同时，随着水文地貌先验知识的加入，基于DXM提取的河网水系的准确率均得到了巨大提升，表明水文地貌先验知识对河网水系的提取具有很好的辅助作用，能够提高平坦地区河网水系的提取质量。从算法效率上，由于超精细DEM的网格数呈几何级数增加，运算量也相应增加，因此，在海量DEM的河网水系提取过程中，可采用并行模式来提高计算速度。

本书提出的DXM思想实际上就是“DEM＋X”，其中的“X”是指水文地貌先验知识，是DXM的关键。尽管在本书的应用案列中只实验了桥涵和水流痕迹等2种典型的水文地貌先验知识，但提出的先验知识栅格化和语义化等方法可以推广到其他更多的水文地貌先验知识，在实际应用时，可以根据研究区的水文地貌具体特征，有针对性地选取“X”并构建相应的DXM，从而更好地发挥研究区水文地貌先验知识“X”在河网水系提取时的辅助作用，提高平坦地区河网水系的提取质量。

4.4 本章小结

本章提出了一种基于先验知识引导的复杂河网水系提取方法。首先，本书通过对先验知识进行梳理和归类，提出了DXM概念模型，有效地解决了影响地表径流的地理要素信息的数学表达。其次，利用不同先验信息建立了不同的DXM模型，提出了基于DXM的河网提取方法，实现了不同DXM模型的复杂地区河网提取。利用水文地貌先验知识扩展高分辨率DEM后得到的DXM模型，在传统D8算法中增加了有益的辅助信息，这种DEM＋X模式可以极大地提高河网水系的提取质量，是平坦地区河网水系提取的一种有效方法。该方法很好地将与地表径流相关的先验知识融合到模型和算法中，能有效改善河网提取的质量。将不同情况下的DXM模型在可可西里盐湖地区进行了河网提取应用，结果显示，先验知识对河网提取具有很好的引导作用，能够提高河网提取的质量，基于DXM的数字河网提取结果具有很好的稳定性和鲁棒性。

5 内流区湖泊漫溢溃决风险评估及外流模拟分析

前2章分别对青藏高原内流区湖泊子系统和外流区河网水系子系统进行了建模与分析。在全球变暖的背景下,青藏高原冰雪冻土开始融化,导致内流区湖泊水量增加和水位升高,使得内流区原本独立的各个单一湖泊可能出现漫溢甚至溃决,从而形成水文连通的串珠状湖泊型流域。特别是与外流区毗邻的内流湖泊漫溢溃决后,湖水可能会从内流区向外流区演进,从而给外流区重大工程及其生态环境带来严重威胁。

本章在前述对青藏高原河湖系统的内流区湖泊子系统和外流区河网水系子系统,分别进行建模与分析的研究成果基础上,研究在全球变暖背景下河湖系统中内流区与外流区之间的连接与转换等演变特征。首先对内流区湖泊的漫溢溃决风险进行预测性评估,然后以漫溢溃决风险高且已经发生过漫溢溃决的可可西里四湖流域(卓乃湖、库赛湖、海丁诺尔、盐湖)的尾闾湖(盐湖)为例,分析其潜在漫溢溃决位置,并对其湖水的外溢演进过程进行模拟分析,为最大限度地减小青藏高原内流湖漫溢溃决对外流区产生的危害提供理论指导和科学依据。

5.1 基于级联结构的内流区湖泊漫溢溃决外流预测评估

5.1.1 内流湖漫溢溃决外流预测评估的级联规则

Liu 等[173]采用封闭度评估青藏高原内流区东南部湖泊的漫溢可能性。封闭度等于分水线最低点高程与湖面高程之差,但该指标随着湖泊扩张而动态变化。利用第3章提出的内流区湖泊水文连通性建模方法,根据湖泊漫溢后水流流向产生的湖泊之间的水文连通性,对湖泊漫溢溃决风险进行评估。当然,这里的漫溢溃决风险的含义主要是指内流湖漫溢溃决的可能性。当两个内流湖漫溢级联关系属于融合型级联结构时,湖水增加导致漫溢并越过分水岭后,新生的集水区面积为两者之和,且新生集水区的最小外溢高程相应抬高,集水区内部相应容积增大,可以承接更多来水。因此,融合型级联结构即使发生漫溢导致两个集水区合并,继续发生漫溢的可能性也较小。而对于瀑布型级联结构,当其中一个湖泊满溢后,其外溢的湖水直接转移进入下游湖泊,可下游湖泊最小外溢高程并未抬升,其湖泊容积不变。因此,一旦瀑布型级联结构中的一个湖泊发生漫溢,极有可能产生连锁效应,外溢水流逐级向下游(级联树中的父节点)输送,最终可能导致末端的湖泊发生漫溢溃决引发洪水灾害。

内流区湖泊的地理条件是其发生漫溢外流的基础。内流区的瀑布型级联结构即使发生漫溢事件,也只是发生在封闭的内流区而难以继续向外缘传播,无法进入外流区引发洪水灾害。但是,内流区外缘包含了瀑布型级联结构的区域,一旦发生漫溢事件,洪水就会越过内流边界进入外流区,对人类生产活动和生态环境产生重大影响。因此,从地理视角分析,内流区外缘包含了瀑布型级联结构的区域是发生漫溢溃决的高风险区域。

从地理条件上看,内流区湖泊漫溢溃决外流的可能性不仅取决于湖泊之间的级联结构,还受湖泊所在位置以及湖泊与外流区的连通性影响。此外,内流区湖泊发生漫溢还受外部条件影响,如来水条件、外力作用破坏湖盆等。因此,内流湖漫溢外流受多因素耦合作用的驱动。为简便起见,结合前文分析,从地理视角构建了内流区湖泊漫溢溃决外流预测评估规则,如表 5-1 所示。表中的“O”与图 3-12 所示中的一致,表示可通过外流区流向海洋。

表 5-1 内流湖漫溢溃决外流可能性评估规则

评估规则	预测等级
位于内流区边缘,最低潜在溢出点与“O”连通,且为瀑布型级联结构	高可能性
位于内流区边缘,最低潜在溢出点与“O”连通,且为融合型结构	中可能性
不与“O”直接连通	低可能性

5.1.2 青藏高原内流湖漫溢溃决外流可能性分布图

采用上述规则,在对青藏高原内流区湖泊的漫溢溃决进行预测评估,绘制了相应的湖泊漫溢溃决可能性分布图(见图 5-1)及其对应的湖泊漫溢溃决结构图(见图 5-2)。从图上可以看出,子树 1、4、85、110、142、158、2、13、22 的漫溢可能性高,子树 220(包含子节点 95、24)和子树 218(包含子节点 80、107、155)为中等可能性,以 201 和 219 为父节点的融合结构树为低可能性。从湖泊级联结构特征看,高可能性的树 1、85、110、142、158 为只有一个节点的瀑布型级联结构;节点 172 是融合型级联结构,通过瀑布型级联结构与高可能性的子树 4 连接;子树 2、13、22 是瀑布型级联结构的高可能性区。中等可能性 218、220 均为融合型级联结构,且包含的子节点不超过 3 个。低可能性 201、219 包含的子节点超过 25 个,主要由融合型级联结构组成。根据对图 5-1 和图 5-2 的分析,利用天地图(www. tianditu. com)影像地图查询得到具有中、高漫溢溃决可能性的青藏高原内流区湖泊名录如表 5-2 所示。

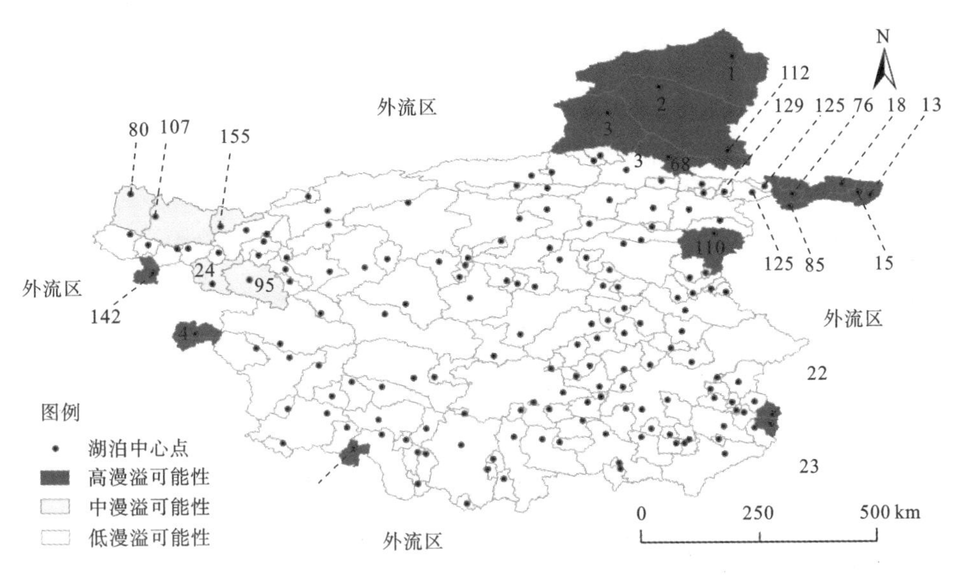

图 5-1 青藏高原内流区湖泊漫溢溃决外流预测分布图

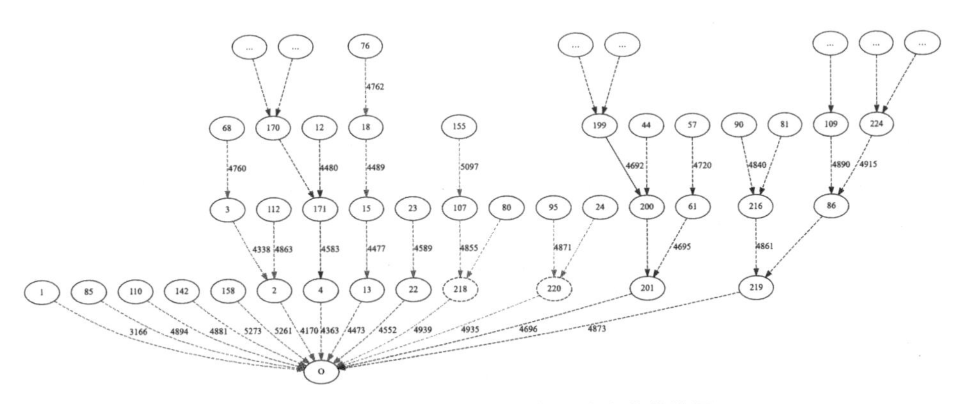

图 5-2 青藏高原内流区湖泊漫溢溃决结构图

表 5-2 青藏高原内流区高、中可能性的漫溢溃决外流湖泊名录

树*	子节点	湖泊名称	预测等级
1	1	1-尕斯库勒湖	高
2	2,3,68,112	2-阿亚克库木湖,3(-)*,68(-),112(-)	高
4	4,12,……	4-热帮错,12(-)	高
13	76,18,15,13	76-卓乃湖,18-库赛湖,15-海丁诺尔,13-盐湖	高

续表

树*	子节点	湖泊名称	预测等级
22	23,22	23-乃日平错,22-错鄂	高
85	85	85-错达日玛	高
110	110	110-乌兰乌拉湖	高
142	142	142-泽错	高
158	158	158-帕龙错	高
218	155,107,80	155-郭扎错,107(-),80(-)	中
220	24,95	24-结则茶卡,95-鲁玛江冬错	中

* 子树以根节点表示;(-)表示没有查到名字

5.1.3 可可西里四湖漫溢溃决外流验证分析

为了验证以上青藏高原内流湖漫溢溃决预测评估结果,选取表 5-2 中漫溢溃决评估结果为“高可能”的卓乃湖、库赛湖、海丁诺尔、盐湖等 4 个湖泊进行分析。这 4 个湖泊就是俗称的青藏高原可可西里四湖地区,是青藏高原水文系统中的典型区域,其对应的级联树为 13,子节点为 76、18、15、13。由于它们依次通过瀑布型级联结构连通,加之又位于内流区与外流区的结合部位,因而评估结果具有极高的漫溢溃决风险。

为进一步了解可可西里四湖地区湖泊的溃决风险,利用遥感数据对四湖的演变过程进行分析,所采用的数据如表 5-3 所示。

表 5-3 可可西里四湖演变过程分析数据列表

年份	日期	传感器类型	轨道号
1988	12-03	Landsat 5 TM	137/35
1988	12-10	Landsat 5 TM	138/35
1993	11-15	Landsat 5 TM	137/35
1993	11-12	Landsat 5 TM	138/35
1998	10-28	Landsat 5 TM	137/35
1998	12-06	Landsat 5 TM	138/35
2003	10-10	Landsat 5 TM	137/35
2003	10-17	Landsat 5 TM	138/35

续表

年份	日期	传感器类型	轨道号
2008	05-16	Landsat 5 TM	137/35
2008	06-24	Landsat 5 TM	138/35
2011	02-02	Landsat 5 TM	137/35
2011	01-24	Landsat 5 TM	138/35
2016	11-14	Landsat 8 OLI_TIRS	137/35
2016	11-21	Landsat 8 OLI_TIRS	138/35
2018	11-20	Landsat 8 OLI_TIRS	137/35
2018	11-11	Landsat 8 OLI_TIRS	138/35
2020	10-08	Landsat 8 OLI_TIRS	137/35
2020	10-15	Landsat 8 OLI_TIRS	138/35

图 5-3 所示为卓乃湖 1988 年至 2020 年的演变过程。从图中可以看出，湖泊面积在 1988—2011 年期间稳定，随后迅速萎缩，在 2016 年后又略微开始增长。

图 5-4 所示为库赛湖 1988 年至 2020 年的演变过程。从图中可以看出，湖泊面积在 1988—2011 年期间增长缓慢；在 2011—2016 年期间出现迅速增长，扩

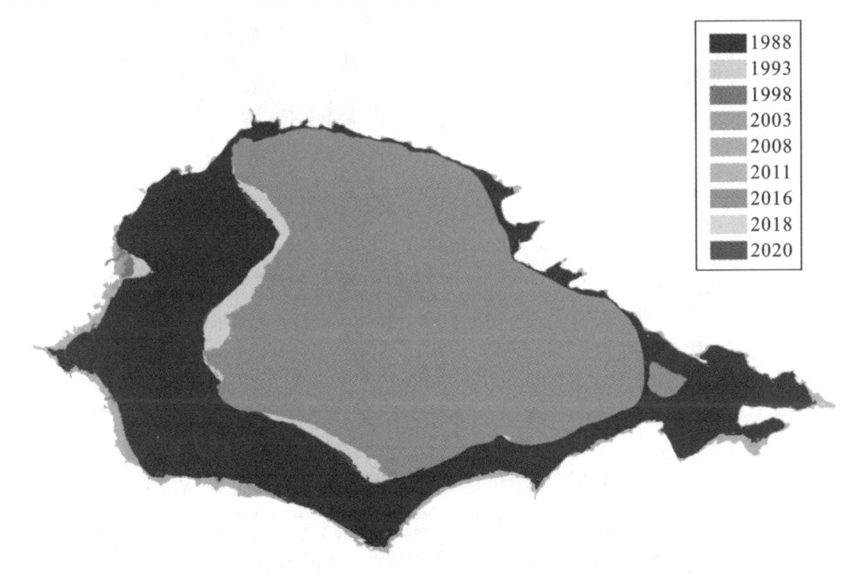

图 5-3 卓乃湖 1988 年至 2020 年的演变过程

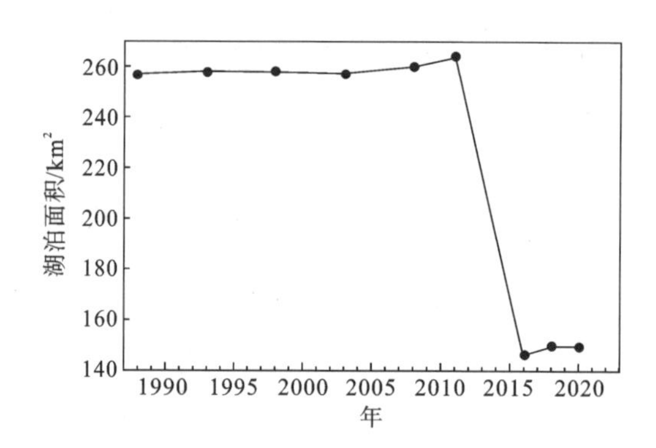

续图 5-3

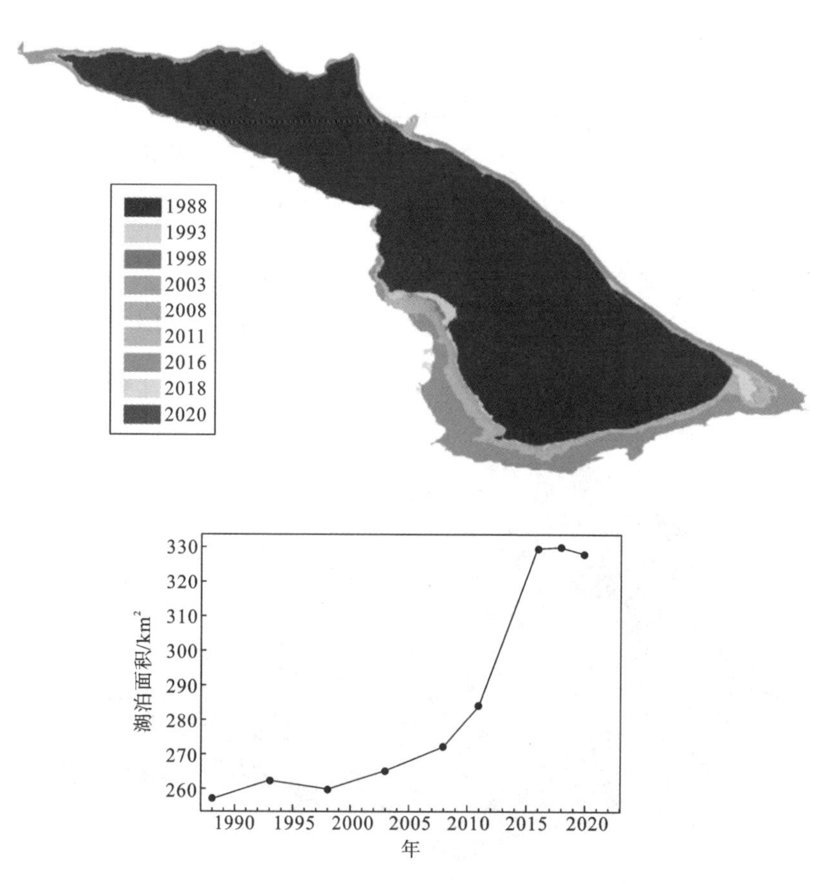

图 5-4　库赛湖 1988 年至 2020 年的演变过程

张方向主要在南部沿岸，但 2016 年后扩张停止。

图 5-5 所示为海丁诺尔湖 1988 年至 2020 年的演变过程。从图中可以看出，湖泊面积在 1988—2011 年期间稳定增长，在 2011—2016 年期间出现了剧烈扩张，开始连接成为整体，而 2016 年之后扩张停止。

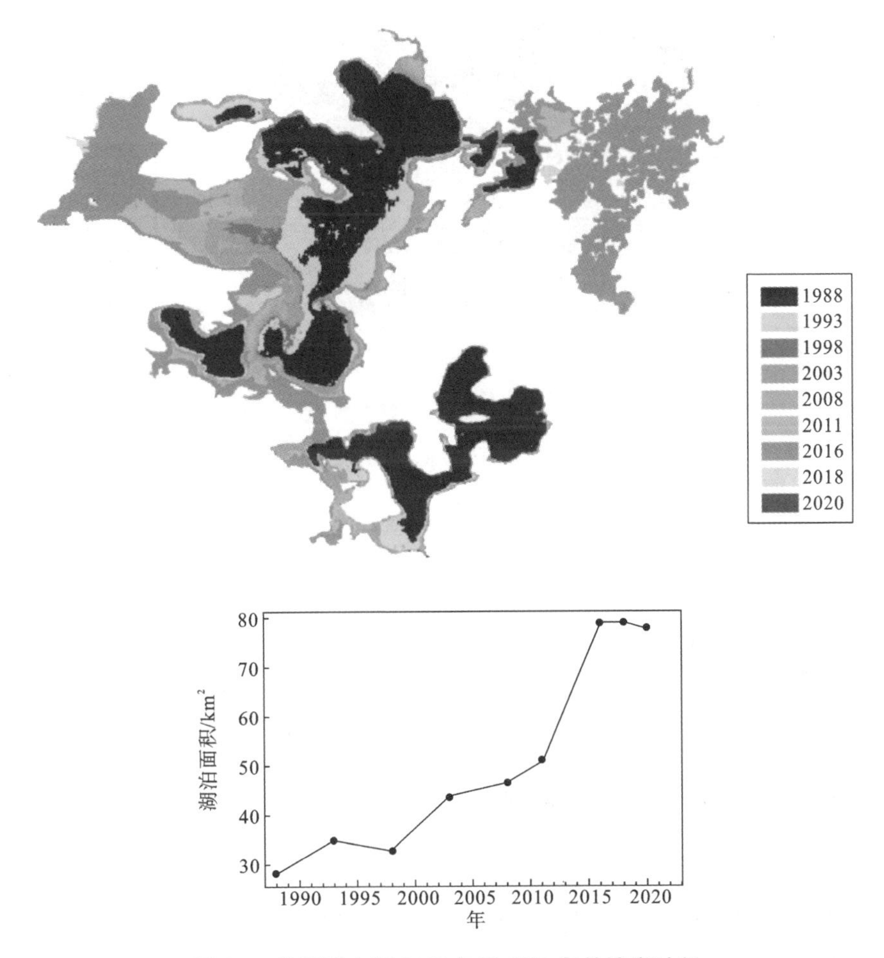

图 5-5 海丁诺尔湖 1988 年至 2020 年的演变过程

图 5-6 所示为盐湖从 1988 年至 2020 年的面积演变过程。从图中可以看出，在 1988—2011 年期间的面积缓慢增长，在 2011—2016 年间出现了明显的剧烈扩张，扩张方向为四周，2016 年后继续向四周扩张。

事实上，2011 年 9 月，可可西里四湖地区发生了漫溢溃决事件，原本 4 个独立的内流湖在卓乃湖溃决后依次建立了水力连接[21,100,174,175]，形成了卓乃湖-盐

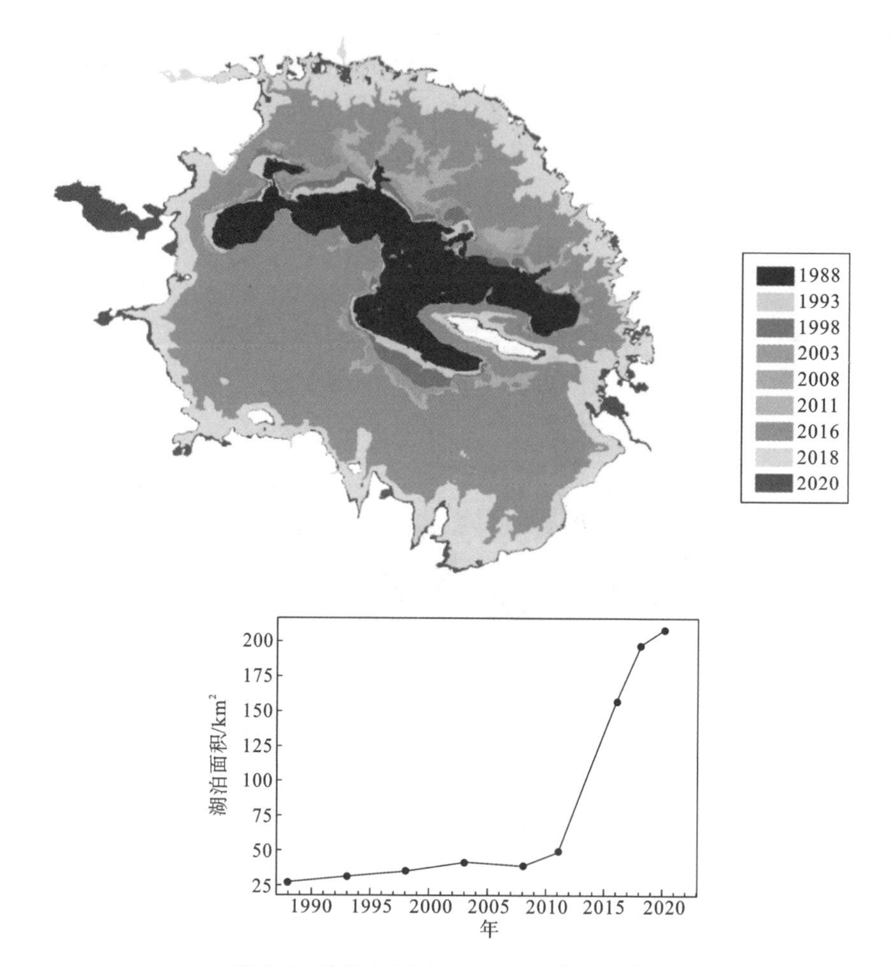

图 5-6　盐湖 1988 年至 2020 年的演变过程

湖四湖流域，计算得到的湖泊参数见表 5-4。虽然位于末端的盐湖流域面积只有 1 415 km²，但发生漫溢溃决后四湖连通而形成的卓乃湖-盐湖四湖流域的总面积大幅增加，达到了 8 631 km²，进而使得作为尾闾湖的盐湖，其漫溢溃决后向外流区外流的风险显著增大，已经引起了相关学者和管理部门的高度关注与警惕[23,100,101,155]。这也说明本书提出的基于级联结构的内流湖漫溢溃决预测评估方法及评估结果是正确的和有效的。

表 5-4　可可西里四湖漫溢溃决参数

湖泊及子节点	湖盆平地高程/m	漫溢溃决高程/m	流域面积/km²
卓乃湖(ID=76)	4 751	4 762	1 785

续表

湖泊及子节点	湖盆平地高程/m	漫溢溃决高程/m	流域面积/km^2
库赛湖(ID=18)	4 473	4 489	4 056
海丁诺尔(ID=15)	4 463	4 477	1 375
盐湖(ID=13)	4 439	4 473	1 415
卓乃湖-盐湖四湖流域(树 ID=13)			8 631

5.2 可可西里四湖流域尾闾湖潜在溢出口分析

由于地质过程和地貌演化发生在长时间尺度上,所以流域边界被认为是恒定的[173]。随着湖泊水位的上升,湖泊的水面会接近分水岭,而一旦越过流域边界,就会出现外流,从而在外流区引起洪水灾害,有可能造成人员伤亡和基础设施受损。因此,相关部门应加强表 5-2 中列举的具有中、高漫溢溃决风险的湖泊的日常监测,以防止其发生漫溢溃决事件,尤其重点关注与外流区毗邻且漫溢溃决风险高的湖泊。本节将已经发生过漫溢溃决的卓乃湖所在的可可西里四湖流域作为研究区域,选择四湖流域尾闾湖即盐湖作为应用实例,利用上一章中提取的高精度河网水系,模拟分析盐湖可能发生漫溢溃决外流的潜在溢出口位置。在后续章节中,因可可西里盐湖漫溢溃决外流模拟所采用的陆域地形和湖泊水下地形数据均为现场实测,为了满足测区数据安全管理需要,对所有涉及高程值的十位和个位数字进行了隐藏,在文字叙述、图片和表格中均以“x”显示。

5.2.1 内流区与外流区分水岭提取

根据第 4 章中图 4-17 和图 4-15 所示的盐湖及其漫溢溃决外流通道的河网水系提取结果,绘制了内流区盐湖流域与外流区清水河流域水系图,如图 5-7(a)所示。从图中可看出,盐湖流域与清水河流域的汇流方向相反,黄色实线构成了两个流域的分水岭。盐湖流域位于青藏高原内流区,而清水河流域属于长江流域,是青藏高原的外流区。因此,图 5-7(a)所示中的分水岭也是青藏高原内流区与外流区的分水岭界线,因此,可可西里盐湖地区属于内流与外流交织区,其河湖系统具有天然的复杂性。

5.2.2 盐湖潜在溢出点提取

全球变暖背景下盐湖的水位不断上涨,一旦漫过其与清水湖流域之间的分水线,湖水就会向外流向东南方向而进入清水河。因此,盐湖存在极大的漫溢甚

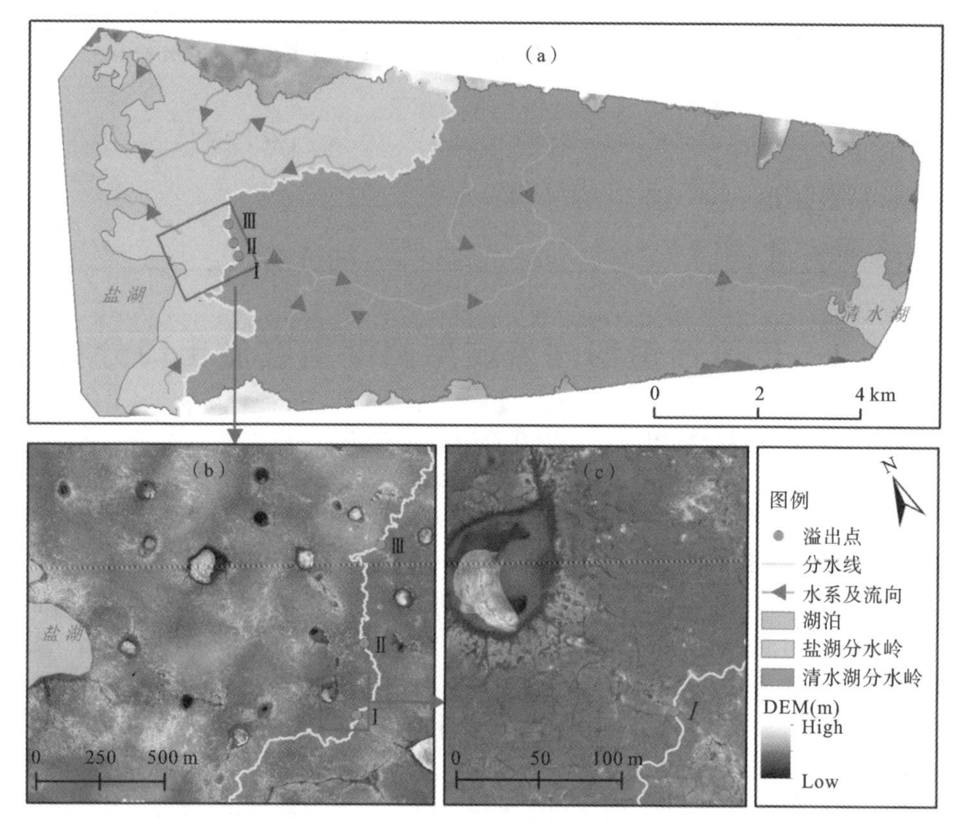

图 5-7　青藏高原内流区与外流区分水岭

注：图 5-7(a)为内流区盐湖流域与外流区清水河流域水系图，绿色圆点表示潜在溢出点；图 5-7(b)为Ⅰ号、Ⅱ号、Ⅲ号 3 个潜在溢出点与分水岭的局部放大图；图 5-7(c)为Ⅰ号溢出点的进一步放大图。

至溃决外流风险。通过流向分析，湖水外溢的路径在内流区与外流区的公共分水岭区域，量算得到其长度为 10 351 m。在获取 UAV-SFM 高精度 DEM 上，沿着该分水岭界线以 0.20～0.40 m 为间隔，提取了 41 560 个高程点，并以横轴为起点距、纵轴为高程值绘制的分水岭剖面如图 5-8 所示。其中＃1、＃2、＃3 分别对应于图 5-7(b)所示中的Ⅰ号、Ⅱ号和Ⅲ号溢出点。

从图 5-8 所示中寻找剖面的最低位置作为盐湖的潜在溢出点，最低点位于＃1 位置，其高程为 4 4xx.80 m。此外，还提取了两个相对低洼位置＃2 和位置＃3，其中位置＃2 的高程为 4 4xx.90 m，位置＃3 的高程为 4 4xx.0 m，三个潜在溢出点分布在长度为 950 m 的分水岭界线上(见图 5-8)。以位置＃1 为中心，选取 4 4xx.80～4 4xx.85 m 范围内的高程点作为潜在 U 型溢出口，量算得到其

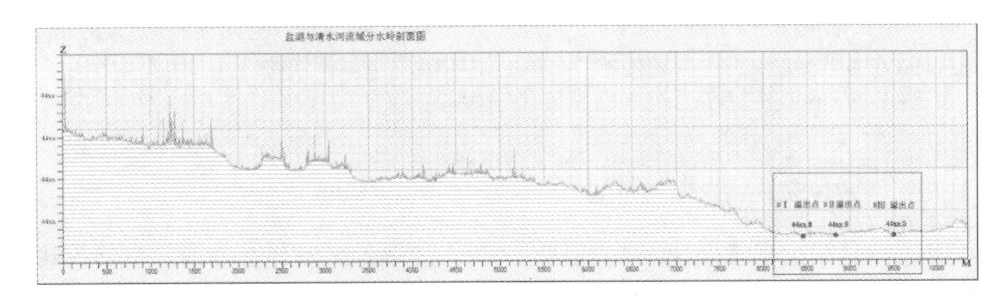

图 5-8　分水岭剖面图与潜在溢出点

宽度为 6 m；同样，在位置＃2 附近，选取高程 4 4xx.90～4 4xx.95 m 范围内的高程点作为潜在 U 型溢出口，其宽度为 3.5 m，在位置＃3 附近，选取高程 4 4xx.00～4 4xx.05 m 范围内的高程点作为潜在 U 型溢出口，其宽度为 8 m。

通过上述分析所确定的内流区盐湖流域与外流区清水河流域之间的分水岭上的三个低洼点周围都是盐湖湖盆最为脆弱的部分。一旦水面抬升冲破了分水岭而产生溃口，湖水就会外流到清水河流域，给外流区重大工程和生态环境造成严重危害。单从地形角度模拟分析，潜在的最先溢出点为位置＃1，溢出高程为 4 4xx.8 m，但也不排除位置＃2 和位置＃3 被湖水冲刷后提前漫溢溃决。由此可见，作为可可西里四湖流域尾闾湖的盐湖，最为可能的潜在溢出口是位置＃1。

5.3　盐湖漫溢溃决外流数值模拟

如上所述，位于青藏高原内流区与外流区结合部位的盐湖，极有可能在位置＃1发生漫溢溃决，使盐湖的湖水向外流入清水河流域。为了最大限度减小盐湖漫溢溃决外流对清水河流域的危害，并制定相应的治理措施和应急预案，对盐湖漫溢溃决外流的过程与结果进行模拟分析至关重要。

5.3.1　湖泊漫溢溃决外流数学模型构建

从前文所述研究区概况可知，盐湖地形较为平坦，下垫面也较为单一。考虑研究区内河道较为宽阔，沿程碎石量有限，潜在溢流通道两端坡度较小，可以忽略泥石流的影响。因此，在对盐湖漫溢溃决外流进行数值模拟时，数学模型选择以洪水计算为主，采用二维浅水波水动力学模型进行计算，其守恒形式为：

$$\frac{\partial h}{\partial t}+\frac{\partial (hu)}{\partial x}+\frac{\partial (hv)}{\partial y}=\sum_{i=1}^{n} q_i \tag{5.1}$$

$$\frac{\partial (hu)}{\partial t}+\frac{\partial}{\partial x}\left(hu^2+\frac{gh^2}{2}\right)+\frac{\partial (huv)}{\partial y}-\frac{\partial}{\partial x}\left(\varepsilon h\frac{\partial u}{\partial x}\right)-\frac{\partial}{\partial y}\left(\varepsilon h\frac{\partial u}{\partial y}\right)$$

$$= gh(S_{0,x} - S_{f,x}) + \sum_{i=1}^{n} q_i u_i \tag{5.2}$$

$$\frac{\partial(hv)}{\partial t} + \frac{\partial}{\partial y}\left(hv^2 + \frac{gh^2}{2}\right) + \frac{\partial(huv)}{\partial x} - \frac{\partial}{\partial x}\left(\varepsilon h \frac{\partial v}{\partial x}\right) - \frac{\partial}{\partial y}\left(\varepsilon h \frac{\partial v}{\partial y}\right)$$

$$= gh(S_{0,y} - S_{f,y}) + \sum_{i=1}^{n} q_i v_i \tag{5.3}$$

式中，h 为溃决洪水水深(m)；t 为时间；u 和 v 分别表示 x 和 y 方向洪水的流速(m/s)；q_i 表示第 i 个净源项通量(m/s)；u_i 和 v_i 分别为 i 和 j 方向的速度(m/s)；g 是重力加速度(m^2/s)；ε 是涡流黏度(m^2/s)；$S_{0,x}$ 和 $S_{0,y}$ 分别表示河床在 x 和 y 方向的底坡源项；$S_{f,x}$ 和 $S_{f,y}$ 分别表示在 x 和 y 方向的摩擦力源项；n 是源项通量的个数。

5.3.2 二维浅水波水动力学模型求解

1. 计算单元剖分离散

为了更好地对二维浅水波水动力学模型进行求解，考虑物理区域的复杂性，首先需要用三角形网格剖分算法对计算区域进行离散，离散后计算单元为三角形网格，其物理量如图 5-9 所示。

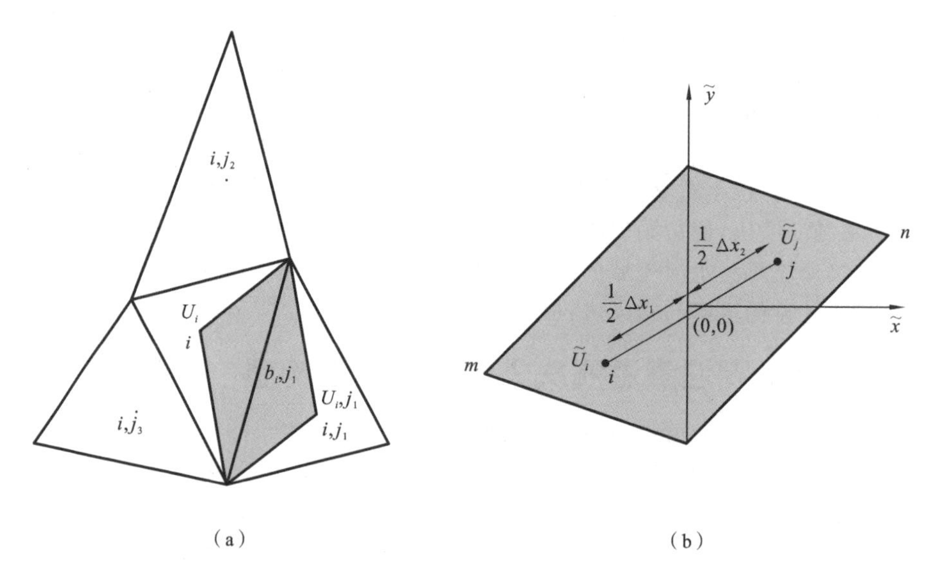

图 5-9 三角形单元和物理量

2. TVD-WAF 有限体积法计算

TVD-WAF 方法被广泛运用于溃决模拟计算中。由于该方法在时间和空间上具有二阶精度，因此，满足计算精度和稳定性要求。计算公式如下：

$$U_i^{n+1} = U_i^n - \frac{\Delta t}{|V_j|}\sum_{j=1}^{3} T^{-1}(\theta)F(\widetilde{U})\zeta_j + \frac{\Delta t}{|V_j|}S_j \tag{5.4}$$

这里采用 TVD-WAF 算法给出数值通量值，用中心差分格式离散源项，基于局部 Riemann 问题自相似解的波系结构分析。TVD-WAF 格式的数值通量为：

$$F^{\text{WAF}} = \frac{1}{2}(c_4 F_R + c_0 F_L) - \frac{1}{2}\sum_{k=1}^{N}\text{sign}(c_k)\phi(r^k, |c_k|)\Delta F^k \tag{5.5}$$

其中，ΔF^k 为波 k 处的数值通量的跳量；c_k 为波 S_k 的 Courant 数：$c_0 = \frac{\Delta\widetilde{x_1}}{0.5(\Delta\widetilde{x_1}+\Delta\widetilde{x_2})}$，$c_4 = \frac{\Delta\widetilde{x_2}}{0.5(\Delta\widetilde{x_1}+\Delta\widetilde{x_2})}$，$c_k = \frac{\Delta t S_k}{0.5(\Delta\widetilde{x_1}+\Delta\widetilde{x_2})}$；通量限制器 $\phi(r^k, |c_k|) = \begin{cases} 1 & r^{(k)} \leqslant 0 \\ 1 - \frac{(1-|c_k|)r^{(k)}(1+r^{(k)})}{1+r^{(k)}\times r^{(k)}} & r^{(k)} > 0 \end{cases}$。其中变量 $r^{(k)} = \begin{cases} \frac{p_i^{(k)} - p_{i-1}^{(k)}}{p_{i+1}^{(k)} - p_i^{(k)}} & S_k \geqslant 0 \\ \frac{p_{i+2}^{(k)} - p_{i+1}^{(k)}}{p_{i+1}^{(k)} - p_i^{(k)}} & S_k < 0 \end{cases}$；$p^{(k)} = H, k=1,3, p^{(2)} = q_y$。

波系间的数值通量可以由 HLLC 近似求解器给出：

$$[F^{\text{hllc}}]_{(k)} = [F^{\text{hllc}}]_{(k)} \quad k=1,2 \tag{5.6}$$

$$[F^{\text{hllc}}]_{(3)} = \begin{cases} [F^{\text{hllc}}]_{(1)} v_L & S_2 > 0 \\ [F^{\text{hllc}}]_{(1)} v_R & S_2 < 0 \end{cases} \tag{5.7}$$

下标(k)表示通量向量的第 k 项，其中 HLL 求解器定义为：

$$F^{\text{HLL}} = \begin{cases} F_L & S_1 \geqslant 0 \\ \frac{S_2 F_L - S_1 F_R + S_1 S_2 (U_R - U_L)}{S_1 - S_2} & S_1 < 0 < S_2 \\ F_R & S_2 \leqslant 0 \end{cases} \tag{5.8}$$

其中左右波速度S_1 和S_2定义为：

$$S_1 = \min(\widetilde{u_L} - \sqrt{gh_L},\quad u_s - \sqrt{gh_s}) \tag{5.9}$$

$$S_2 = \max(\widetilde{u_R} + \sqrt{gh_R},\quad u_s + \sqrt{gh_s}) \tag{5.10}$$

其中 $u_s = (u_i + u_{i+1})/2 + \sqrt{gh_i} - \sqrt{gh_{i+1}}$，$\sqrt{gh_s} = (\sqrt{gh_i} + \sqrt{gh_i})/2 + (u_i - u_{i+1})/4$。对于接触间断波的波速 S_2 的估计：

$$S_2 = \frac{S_1 h_L(\widetilde{u_R} - S_3) - S_3 h_R(\widetilde{u_L} - S_1)}{h_L(\widetilde{u_R} - S_3) - h_R(\widetilde{u_L} - S_1)} \tag{5.11}$$

3. 计算时间步长

为了保证数值格式的稳定性，时间步长采用

$$\Delta t = \text{CFL} \min_{1 \leqslant i \leqslant M} \min_{1 \leqslant j \leqslant 3} \frac{\min(\Delta x_{i,j,1}, \Delta x_{i,j,2})}{\max(S_{i,j,1}, S_{i,j,2})} \tag{5.12}$$

其中 CFL(0<CFL≤1)是 Courant 数。

4. 地形离散

采用 Green 公式将地形源项在单元上的面积分转化为沿边界的线积分，然后利用中矩形公式离散线积分。因此，地形源项的第二项为：

$$\begin{aligned}\iint_{V_i} gH \frac{\partial b}{\partial x} \mathrm{d}x\mathrm{d}y &= -gH \iint_{V_i} \frac{\partial b}{\partial x} + \frac{\partial 0}{\partial y} \mathrm{d}x\mathrm{d}y = -gH \sum_{i=1}^{3} \oint_{\zeta} (b, 0) \cdot n \mathrm{d}\zeta \\ &= -gH \sum_{i=1}^{3} \oint_{\zeta_i} (b_i, 0) \cdot n_j \mathrm{d}\zeta = -gH \sum_{i=1}^{3} b_j \cos\theta_j \zeta_j\end{aligned} \tag{5.13}$$

地形源项的第三项为：

$$\begin{aligned}\iint_{V_i} gH \frac{\partial b}{\partial y} \mathrm{d}x\mathrm{d}y &= -gH \iint_{V_i} \frac{\partial 0}{\partial x} + \frac{\partial b}{\partial y} \mathrm{d}x\mathrm{d}y = -gH \oint_{\zeta} (0, b) \cdot n \mathrm{d}\zeta \\ &= -gH \sum_{i=1}^{3} \oint_{\zeta_i} (0, b_j) \cdot n_j \mathrm{d}\zeta = -gH \sum_{i=1}^{3} b_j \sin\theta_j \zeta_j\end{aligned} \tag{5.14}$$

该处理可保证 TVD-WAF 算法的平衡性，保证计算的稳定性和健壮性。

5. 干湿边界处理

在干湿边界处，左干河床：

$$S_1 = u_{i+1} - 2\sqrt{gh_{i+1}} \tag{5.15}$$

$$S_2 = u_{i+1} + \sqrt{gh_{i+1}} \tag{5.16}$$

右干河床：

$$S_1 = u_i - \sqrt{gh_i} \tag{5.17}$$

$$S_2 = u_i + 2\sqrt{gh_i} \tag{5.18}$$

5.3.3 湖泊漫溢溃决外流水力参数计算

参考水力学计算手册[176]，各参数计算如下。

1）溃口宽度 b

$$b = k(W^{0.5} B^{0.5} H)^{0.5} \tag{5.19}$$

2）溃口处最大流量 Q_M 计算

基于 Schoklitsch 经验公式计算溃口最大流量为：

$$Q_M = \frac{8}{27}\sqrt{g}\left(\frac{B}{b}\right)^{0.25} bH_0^{1.5} \tag{5.20}$$

3）洪水起涨时间t_1

$$t_1=K_1\frac{L^{1.75}(10-h_0)^{1.3}}{W^{0.2}H_0^{0.35}} \tag{5.21}$$

4）最大流量到达时间t_2

$$t_2=K_2\frac{L^{1.4}}{W^{0.2}H_0^{0.5}h_M^{0.25}} \tag{5.22}$$

5）溃口下游流量Q_{LM}

$$Q_{LM}=\frac{W}{\dfrac{W}{Q_M}+\dfrac{L}{vK}} \tag{5.23}$$

6）结束时间t_3

$$t_3=\frac{2W}{Q_{LM}}+t_1 \tag{5.24}$$

在上述公式中，b为溃口平均宽度(m)；W为溃坝时的蓄水量(10 000 m^3)；B为溃坝时的坝前水面宽度(m)；H为溃坝时水头(m)；H_0为坝上游水深(m)；L为距坝址距离(m)；h_0为溃坝洪水到达前下游计算断面的平均水深(m)；K为坝体土质系数；K_1为系数，等于$0.65\times10^{-3}\sim0.75\times10^{-3}$，取平均值为$0.70\times10^{-3}$；$K_2$为系数，等于0.8～1.2；$v$是河道洪水期断面最大平均流速($m\cdot s^{-1}$)；$h_M$为最大流量时的平均水深(m)。

5.4 盐湖漫溢溃决外流洪水模拟计算

下面利用上述湖泊漫溢溃决外流数值模拟方法，结合前述3章中获取的相关数据和建模分析结果，依托Infoworks ICM平台，对盐湖的漫溢溃决洪水外流演进过程进行仿真模拟与分析。

5.4.1 计算区域

如图5-10所示，盐湖漫溢溃决外流数值模拟计算与分析区域的西北部为盐湖，水域面积约200 km^2，东南部为盐湖漫溢溃决后可能影响的区域，总面积约104 km^2。模拟计算范围包括盐湖、清水河至青藏公路及下游清水湖。模拟漫溢溃决口距离下游青藏公路直线距离9.4 km，距离索南达杰自然保护站9.1 km。

模拟计算用到的地形资料由水下和陆上两部分组成，其中盐湖水下地形采用船载水深测量获取，陆上地形采用UAV-SFM采集的1∶1 000高精度DEM数据。盐湖分水岭最低点高程4 4xx.80 m，如图5-10所示的五角星位置。下游清水湖水面高程4 4xx m。在盐湖溃口、清水河河道和青藏公路区域，加密网格

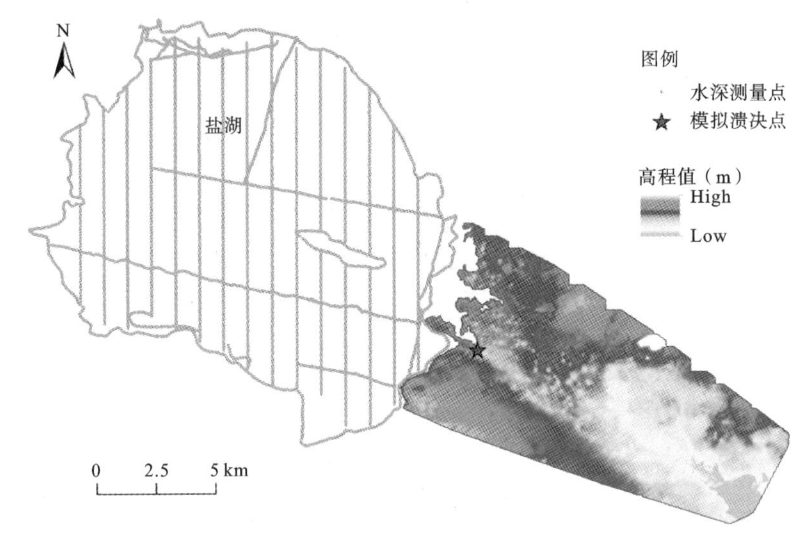

图 5-10 盐湖漫溢溃决外流数值模拟计算区域布置

满足计算精度要求。

5.4.2 盐湖容积计算

在缺乏湖泊实测水下地形的情况下，通常采用经验公式来估算湖泊容积。在本算例中，基于实测的盐湖水下地形数据，采用 ArcGIS 系统工具箱中的 3D Analyst Tools 模块，建立湖盆不规则三角网模型（TIN），从而得到盐湖的湖盆地形，如图 5-11 所示。从图中可看出，盐湖东南部有一个湖心岛。

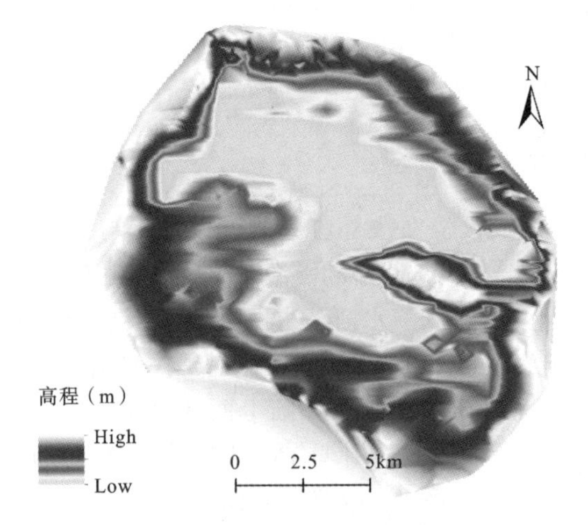

图 5-11 利用船载测深系统获取的盐湖水下地形渲染图

计算湖泊容积时，利用 ArcGIS 系统工具箱中表面体积工具，通过利用 ArcPy 脚本语言调用 SurfaceVolume 脚本计算湖泊容积，设定高程计算步长为 1 m，得到不同水面高程的湖泊容积，并绘制湖泊容积曲线，如图 5-12 所示。从图示可以看出，湖面高程与库容之间存在良好的二次曲线拟合关系。

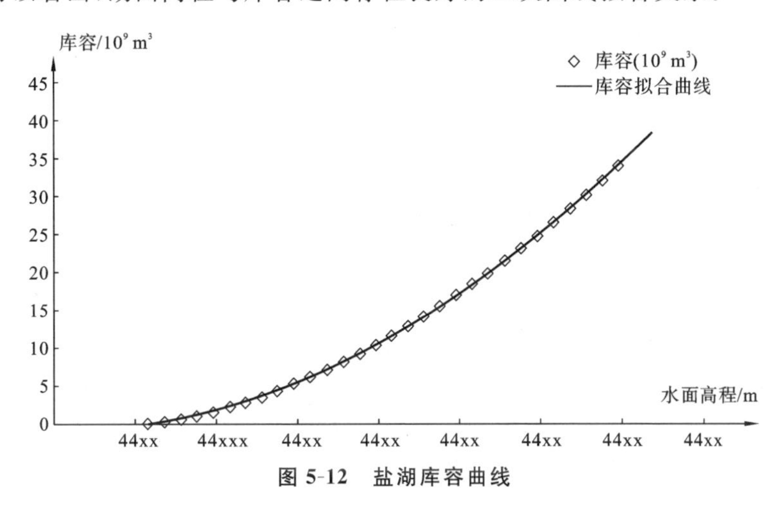

图 5-12 盐湖库容曲线

利用湖面高程与库容拟合曲线的关系式，以 0.20 m 为间隔，逐点计算盐湖溢出点高程 4 4xx.8 m 以下的库容，结果如表 5-5 所示。由此可见，当盐湖水位从 4 4xx.8 m 下降 2 m 时，相应的盐湖水量减少 4.17×10^9 m^3，如此巨大的水量，若发生漫溢溃决极有可能产生超量洪水，进而威胁下游的基础设施以及生态环境的安全。

表 5-5 盐湖不同湖面高程对应的库容推算结果

序号	高程/m	推算库容/(10^9 m^3)
1	4 4x4.8	34.13
2	4 4x5.0	34.54
3	4 4x5.2	34.95
4	4 4x5.4	35.36
5	4 4x5.6	35.77
6	4 4x5.8	36.19
7	4 4x6.0	36.61
8	4 4x6.2	37.03
9	4 4x6.4	37.45
10	4 4x6.6	37.87
11	4 4x6.8	38.30

5.4.3 溃决洪水模拟计算

湖泊溃决洪水计算一般采用土石坝溃坝的研究方法，主要包括溃决方式及溃口的几何形状、溃口流量过程以及溃决洪水在下游演进的过程等。所以，本节对盐湖漫溢溃决外流洪水的数值模拟也主要包括溃决方式、溃口宽度、溃口流量过程和溃决洪水演进的模拟计算。

1. 溃决方式分析

盐湖溃口位于分水岭最低处，按土坝洪水漫顶式溃决，该方式虽属逐渐溃坝类型，但因引起溃坝的水流冲击力极强，从决口开始时刻到基本形成稳定的溃决断面，整个时间非常短暂(一般在半小时左右)，因此可按瞬时溃坝处理。

利用 UAV-SFM 采集的盐湖潜在溢流通道 1∶1 000 的数字表面模型和数字正射影像进行分析，发现盐湖与清水河子流域的分水岭比较平坦，自分水岭向下游 5.5 km 范围内落差仅仅 3 m 左右，进入清水河后，河道落差明显增加，4.0 km 范围内落差达到 7 m。根据现场查勘情况，结合周围地形地貌和排水方式分析，潜在溢出口附近为松散冲洪堆积物，盐湖漫溢后下切侵蚀，溃决洪水进入清水河后进一步发生溯源侵蚀，进而形成冲沟[95]。

2. 溃口宽度模拟

盐湖上游湖泊海丁诺尔出口处缺少实测的流量数据，为便于计算，假定盐湖为静止的大型水库，且不考虑流域内降雨径流、冰雪融水以及冻土上水等因素，则入库流量假定为 0。将溃口形状概化为矩形，以潜在溢出点为出水口，选择文献[95]中假定工况中的溢出深度 2 m 为计算参数。利用土坝溃决溃口宽度计算公式(5.19)，计算得到溃口宽度 b 近似为 120 m。

3. 溃口流量过程模拟

基于前述工况条件设置，漫溢溃决后，下泄洪水经过 28 min 到达下游青藏公路与清水河交汇的涵洞处，其相距溢出口 9.4 km；溃决发生后经过 70 min 洪峰流量抵达青藏公路，最大洪峰流量为 449 m^3/s。共计需排出水量为 4.17×10^9 m^3，累积所需时间为 21 天。溃口流量过程见图 5-13。

4. 溃决洪水演进模拟

经计算，影响区域平均淹没水深 1.60 m，清水河水深超过 3 m，青藏公路有明显壅水作用，在涵洞附近的淹没宽度收窄，见图 5-14。从图 5-16 所示最大流速分布来看，溃口西南部 1 000 m 下游总体流速不超过 5.0 m/s，与研究区域内平坦地形条件相符。

索南达杰自然保护站是区域内最重要的人工建筑物，是藏羚羊保护基地，占

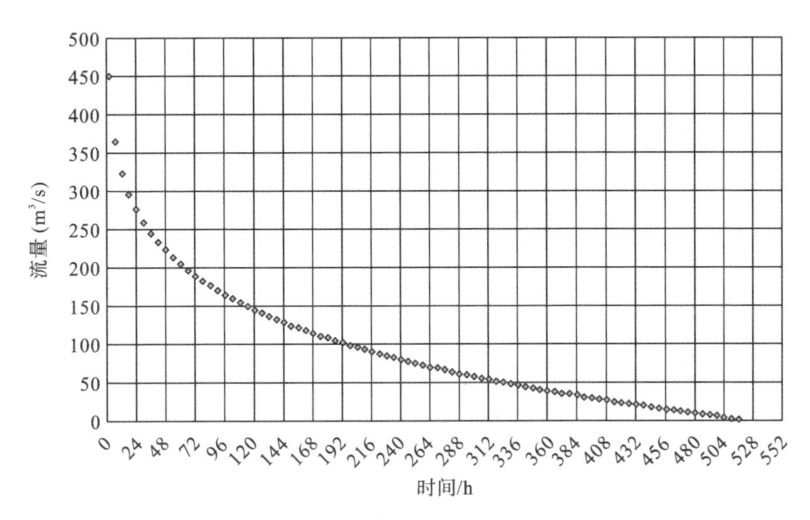

图 5-13 溃口逐小时流量过程

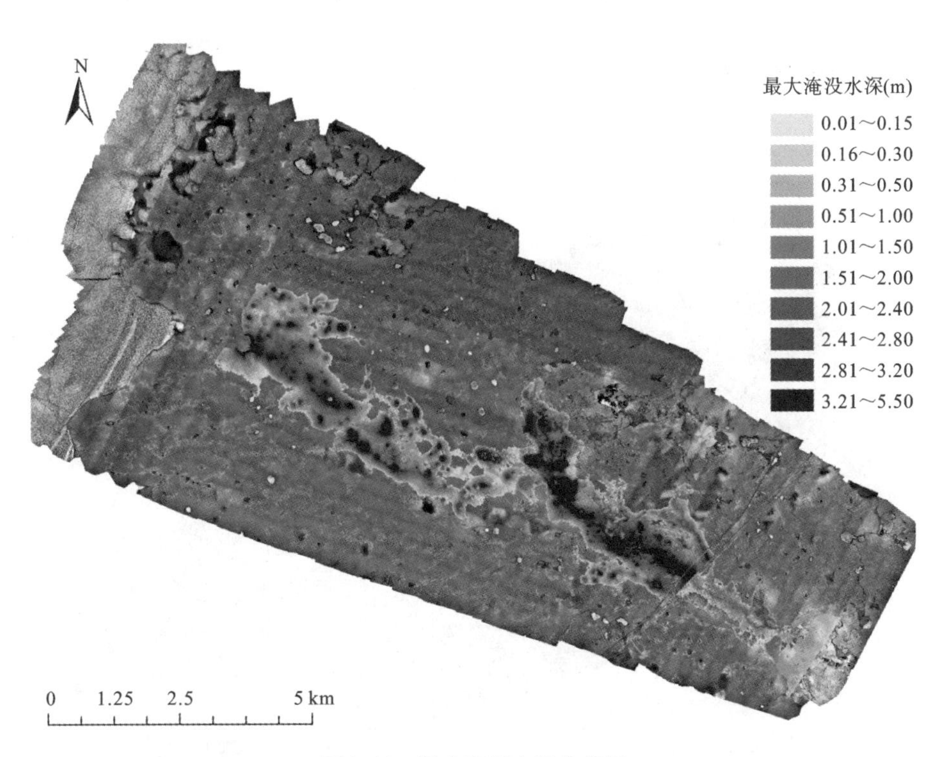

图 5-14 最大淹没水深分布图

地面积超过 12 000 m^2,地面淹没水深约 1.50 m,淹没深度超过 1 m 共经历 6 天(第 2 天至第 7 天),如图 5-15 所示。青藏公路约 1.6 km 长的路段被淹没,最大淹没水深超过 1.5 m,见图 5-17。本计算结果与刘文惠等[95]的研究成果进行了

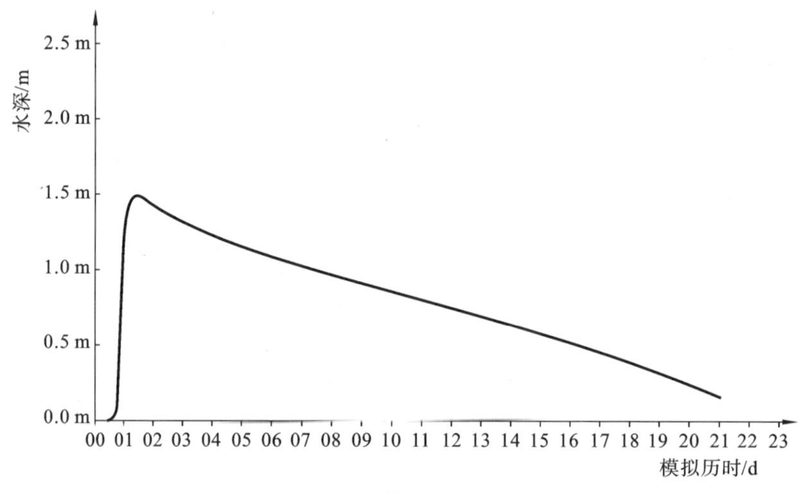

图 5-15 保护站水深过程线

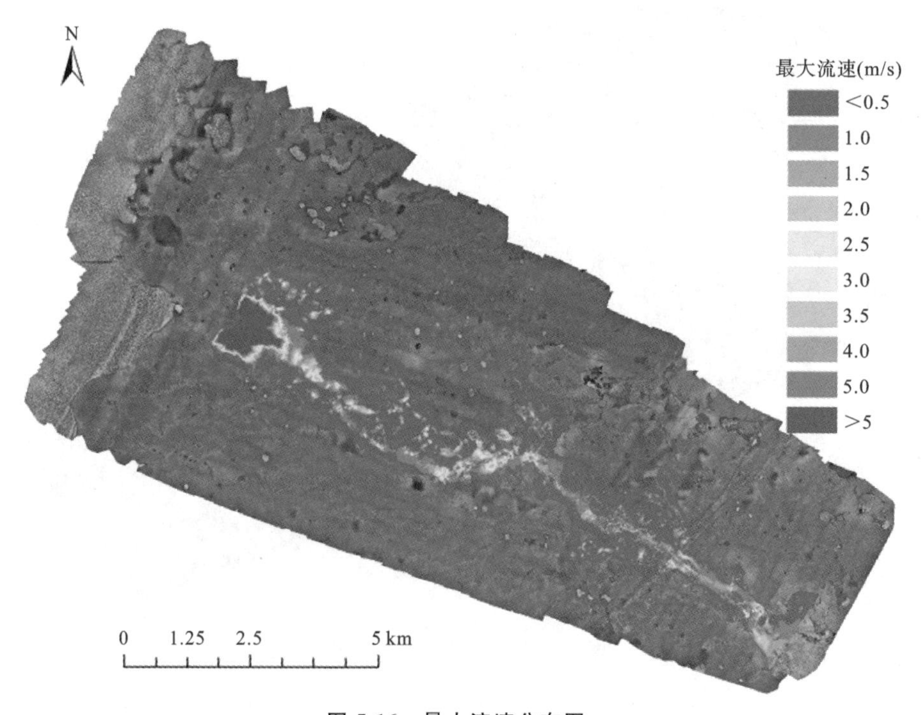

图 5-16 最大流速分布图

比较，两者下泄水量相近，但排出水量需要的时间有区别。分析原因，可能是由于计算采用的经验公式、默认参数取值及假定工况的差异所导致。总之，尽管流速较缓慢，但洪水长期过流冲刷和浸泡，可能造成路基冻融损害，威胁青藏公路和青藏铁路的安全，将造成巨大的经济损失。

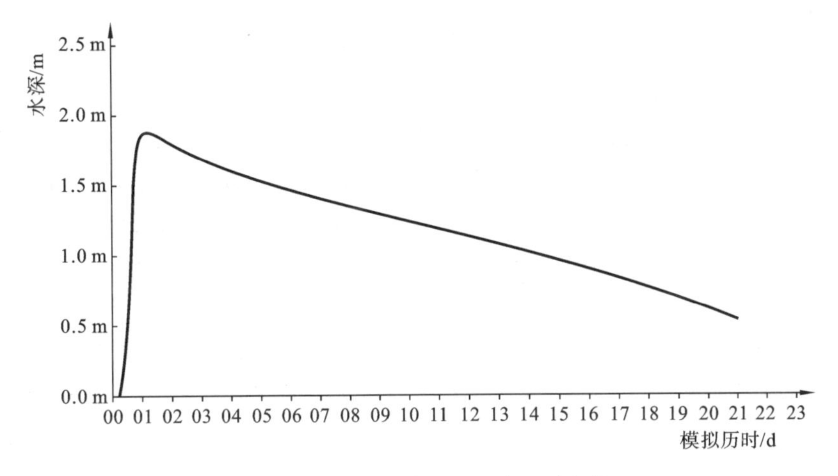

图 5-17 青藏公路涵洞处水深过程线

5.5 盐湖漫溢溃决外流风险应对措施建议

以上盐湖漫溢溃决外流的数值模拟结果是在没有采取任何人为干预的条件下计算得到的。盐湖溃决洪水洪峰量大、过流时间长，而盐湖库容调蓄能力有限，为了减小盐湖漫溢溃决外流对下游产生的危害，可以采取以下应对措施。

1）开挖明渠排险

利用下游排水通道基础，可在盐湖潜在溢出口处采取开挖明渠方法，降低盐湖水位，减少盐湖蓄水量，降低盐湖危险性。

2）修建大坝增加库容

假设沿分水岭修筑大坝，整体抬升盐湖蓄水水位，自外溢高程 4 4xx. 8 m 抬高 2 m，根据图 5-12 所示的库容曲线推求增加的库容约为 4.4×10^9 m^3。但上游三个湖泊来水均由盐湖承接，而总流域面积接近 9×10^3 km^2，不仅工程量巨大，增加的库容数量有限，在气候暖湿化的背景下能否容纳上游来水存在极大不确定性，无法彻底消除盐湖水面扩张的水患。

5.6 本章小结

本章确定了基于级联结构的内流湖漫溢溃决风险评估规则，利用构建的内流区湖泊群漫溢级联模型森林结构图，对青藏高原内流区湖泊的漫溢溃决风险进行了预测性评估；以漫溢溃决风险高的可可西里四湖流域的盐湖为例，利用上述内流区湖泊群子系统和外流区河网水系子系统建模成果，特别是基于UAV-SFM的高精细水文要素和湖泊水下地形，提取了盐湖与其东侧毗邻外流区之间的分水岭，分析了潜在溢出点。采用二维浅水波水动力方程，模拟在潜在漫溢点发生瞬时全溃条件下，当溃口宽度为120 m、深度为2 m时，通过溢流通道下泄洪水为4.17×10^{9} m^{3}，共历时21天。整个溃决过程洪峰流量达到449 m^{3}/s，可能对下游索南达杰自然保护站、青藏公路、青藏铁路等造成损害。基于上述模拟计算结果，提出开挖明渠引流疏导和筑坝加固措施，以消除盐湖水患，从而保障国家重要基础设施安全，体现了本研究的巨大工程意义。

6 总结与展望

6.1 本书研究工作总结

青藏高原具有特殊的地理位置和丰富的自然资源，素有“世界屋脊”“地球第三极”和“亚洲水塔”之称，是我国重要的生态安全屏障和战略资源储备基地，一直是我国乃至全球科学家关注的热点研究地区。青藏高原河湖水系是一个受诸多因素影响的复杂系统。尤其是近些年来，全球气候变化加剧，极端气候事件频发，青藏高原年平均气温增速超过同期全球的两倍，出现冰川退缩、冻土消融等问题。随之而来，青藏高原降水增加、湖泊扩张以及陆地水储量上升，导致其河湖系统的水文状况发生了显著变化。因此，在全球气候变暖背景下，开展青藏高原河湖系统及其水文水资源变化和水灾害影响研究，分析内流湖之间的连通关系，评估内流湖漫溢溃决外流风险，揭示内流转换为外流的演变规律，预测内流湖漫溢溃决外流对生态环境和社会经济的影响，对于提高青藏高原的水资源和水灾害监测与预警能力、保护青藏高原生态环境和重大工程安全、实现社会经济的可持续发展具有重要理论意义和实际指导价值。

本书采用系统分析与集成思想，通过多学科综合交叉，对全球气候变暖背景下青藏高原河湖系统演变特征进行了建模与分析研究。首先，鉴于青藏高原特殊自然地理环境，建立了集成空天地水等多种方法协同采集和获取河湖系统建模与分析所需地形地貌数据的技术体系；然后，将青藏高原河湖系统分解为内流区湖泊群和外流区河网水系等 2 个子系统，分别提出了基于测地数学形态学的内流区湖泊群子系统水文连通性建模与分析方法，以及基于 DEM＋先验知识的外流区河网水系子系统建模与分析方法；最后，将内流区湖泊群子系统与外流区河网水系子系统关联起来，对内流区湖泊发生漫溢溃决风险及洪水外流进行了仿真模拟与分析，为青藏高原河湖系统安全监测与预警提供了理论、方法和技术支撑。

本书的主要研究工作总结如下。

1) 基于空天地水的青藏高原 DEM 数据获取协同方法研究

利用摄影测量、雷达干涉测量（InSAR）、GNSS 等获取三维地形的基本原理和数据处理方法，提出了面向青藏高原特殊地理环境条件下，包括卫星遥感、无人机运动恢复结构摄影测量（UAV-SFM）、地面实测和船载水深测量在内的多尺度多源 DEM 数据获取方法。

在充分发挥各种DEM数据获取方法的优势基础上，通过采用GNSS星站差分技术，构建了统一的地理空间基准，实现了多源多尺度DEM数据的集成与融合，从而有效地扩大了数据覆盖范围，提升了数据高程精度和空间分辨率，并集成了水下DEM，建立了水陆一体、空天地协同的青藏高原全域DEM数据立体采集体系，为青藏高原河湖系统建模与分析研究所需的地形地貌数据获取提供了有效的技术手段。

2）基于数学形态学的内流区湖泊群水文连通性建模与分析方法研究

基于测地形态学区域增长算法，利用高分辨率DEM提取内流区湖泊；利用区域骨架线理论，结合标记控制的分水岭分割方法建立内流区各湖泊的分水线；通过计算相邻分水线的最小溢出点高程，建立漫溢邻接矩阵；基于Priority-flood思想，对漫溢邻接矩阵进行搜索，构建内流区洼地级联漫溢模型，并可视化为森林结构图。

这种测地数学形态学分水岭变换与Priority-food算法相结合的洼地级联关系构建方法，具有数据结构简单、算法高效、易于编程实现、可视化程度高等优点。通过该方法构建的青藏高原内流区湖泊群漫溢级联模型，识别出了融合型湖泊和瀑布型湖泊等2种主要的洼地级联结构；从地形特征上阐明并揭示了内流区湖泊水文连通性的演变特征与规律；分析了突变和早期信号；印证了卓乃湖-盐湖外溢级联的必然性。

3）基于DEM+先验知识的青藏高原外流区河网水系建模与分析方法研究

针对传统D8算法在青藏高原平坦地形条件下容易出现迷失水流方向的问题，巧妙地将水文地貌特征信息作为先验知识进行辅助引导，从概念模型、水文地貌信息分类，到径流响应语义表达、数据重组织等数学建模与实现方法，系统地建立了一种集成DEM与先验知识的数字高程扩展模型DXM(Digital elevation-eXtended Model)，并利用不同水文地貌先验信息构建了多种DXM模型，提出了基于DXM的河网水系提取方法。

在青藏高原外流区可可西里河网水系提取的应用实例中，利用UAV-SFM采集了亚米级高精度DEM和DOM，将从DOM中提取的水文地貌要素作为先验知识，与DEM融合构建相应的DXM，提取了盐湖-清水湖流域的河网水系。结果表明，这种DEM+X模式的DXM，利用水文地貌先验知识对DEM进行了扩展，在传统D8算法中增加了水文地貌先验知识作为辅助信息，能够在高程追踪失去作用时及时发挥对水流方向的引导作用，为提高平坦地区河网水系提取质量提供一种简单、高效、实用的新方法。

4）青藏高原内流湖漫溢溃决风险评估及外流模拟分析研究

确定了基于级联结构的内流湖漫溢溃决风险评估规则，利用构建的内流区湖泊群漫溢级联模型森林结构图，对青藏高原内流区湖泊的漫溢溃决可能性进行了预测性评估；以漫溢溃决风险高的可可西里四湖流域的尾闾湖（盐湖）为例，利用内流区湖泊群子系统和外流区河网水系子系统建模成果，特别是基于UAV-SFM的高精细水文要素和湖泊水下地形，提取了盐湖与其东侧毗邻外流区之间的分水岭，分析了潜在溢出点。

采用湖泊漫溢溃决二维浅水波水动力模型进行数值模拟，对盐湖在潜在溢出点发生漫溢溃决外流的溃口宽度、溃口流量过程以及外流洪水演进过程等进行了仿真预测，分析了对下游索南达杰自然保护站、青藏公路和青藏铁路等重大工程带来的威胁，并提出了开挖明渠引流疏导和筑坝加固等应对措施建议，为最大限度减小内流湖漫溢溃决对外流区产生的危害提供了理论指导，为应对措施的制定提供了科学依据。

6.2 本书特色与创新

本书综合利用系统分析与集成、遥感与摄影测量、水文与水资源等相关理论、方法和技术，集中开展全球变暖背景下青藏高原河湖系统建模与演变分析。这种多学科交叉的研究思路是本书的一个重要特色。本书的研究对象青藏高原素有“世界屋脊”“地球第三极”和“亚洲水塔”之称，具有显著的地域特色。

本书的主要创新点如下。

（1）提出了一种基于数学形态学的内流区湖泊水文连通性建模新方法：采用测地数学形态学方法改进 Priority-flood 算法，从 DEM 数据中提取内流区湖泊及其分水线，采用洼地级联关系模型构建湖泊漫溢级联拓扑关系，以森林结构图的方式揭示内流区湖泊群之间的水文连通性，较好地解决了常规 Priority-flood 算法在内流区往往容易错误处理水流方向的难题，为类似青藏高原内流区湖泊的水文连通性建模与分析提供了一种简单高效、易于编程实现、可视化程度高的新方法。

（2）提出了一种基于 DEM＋先验知识的平坦地区河网水系提取新方法：将影响径流的水文地貌特征作为确定水流方向的先验知识，经过栅格化和语义化后集成到 DEM 中，构建具有“高程＋先验知识”的数字高程扩展模型 DXM；利用水文地貌先验知识辅助高程进行水流引导，较好地解决了平坦地形条件下 DEM 往往易于迷失水流方向而无法追踪的难题，为类似青藏高原外流区相对平坦地区的河网水系高质量提取提供了一种简单实用的“DEM＋X”新方法。

（3）模拟分析了青藏高原内流区湖泊漫溢溃决外流演变特征：针对青藏高原特殊的自然地理环境条件，构建了空天地水集成的地形地貌数据获取体系，根据内流湖的级联结构模型评估了内流区湖泊漫溢溃决外流可能性，模拟、预测了可可西里四湖流域中尾间盐湖的潜在溢出点及其发生漫溢溃决后的洪水外流演进过程；分析了盐湖外溢给下游青藏铁路等重大工程带来的威胁，为制定应对保护措施提供了科学依据。

6.3 展望

本书以青藏高原的河湖系统作为研究对象，分别对内流区湖泊群子系统和外流区河网水系子系统进行了建模研究，在此基础上，进一步对内流湖漫溢溃决外流进行了模拟分析与研究，尽管取得了一些初步成果，但是，青藏高原河湖系统是一个十分复杂的巨系统，本书研究尚有许多不足，有待在下一步的研究工作中继续发展和完善。

（1）本书提出的基于DEM＋先验知识的平坦地区河网水系提取DXM新方法，从概念模型、先验知识分类、模型栅格化和语义化等理论，到实际案例应用和质量评价等，具有相对完整的体系架构。但是，在青藏高原外流区河网水系提取应用中，目前只选用了水流痕迹和涵洞等水文地貌先验信息进行实验，下一步可以将更多其他的水文地貌特征加入DEM，因地制宜地构建更多的DXM，更好地体现DEM＋X的优势。

（2）基于湖泊之间特殊的连通结构和所在内流区地理位置来评估湖泊漫溢可能性，具有局限性。湖泊的漫溢发生是多因素决定的，如地质条件、流域来水、地震灾害等。因为流域内的来水增加会导致湖泊水位上涨，引起湖泊漫溢，而地震可能引起湖盆破损导致湖泊溃决等。后续的研究中，可建立综合上述多因素耦合的湖泊漫溢风险评估模型，以期获得更加科学的内流区湖泊漫溢溃决风险评价结果。

（3）青藏高原湖泊漫溢溃决是非常复杂的地学过程，其影响因素包括来水条件、湖盆地质构造以及是否人工干预等。限于目前所掌握的数据资料情况，在盐湖漫溢溃决外流数值模拟分析中依据经验假定了理想工况，但忽略了盐湖上游的入流、冻土上水、冰雪融入以及大气降水等水文过程，也没有考虑湖盆的剩余容积，故模拟结果存在不确定性。下一阶段将从复杂系统角度审视，从全球气候变暖及其气象、水文、自然地理等综合性巨系统视角切入和开展研究，结合新一代水文遥感技术如卫星水面测高等，动态掌握湖泊扩张过程，揭示更多更深层次的内流转换外流的演变规律，预测内流湖漫溢溃决外流对生态环境和社会经济带来的危害。

（4）青藏高原河湖系统是一个复杂的巨系统，包括大气圈、水圈、岩石和生物圈，各大圈层系统相互耦合、相互影响。河湖系统建模本应将这些因素全部纳入建模范畴，但面面俱到使问题过于复杂而导致难以求解。因此，本书从青藏高原河湖系统的地理条件这一最重要的问题出发，从宏观整体角度研究全球变暖背景下河湖演变趋势。后续研究中，在考虑单因素到多因素耦合、从抽象简化到逐渐复杂的建模过程的前提下，通过分步骤分阶段拆解，首先理解河湖系统演变的宏观架构和总体趋势，接着基于现有研究成果的框架，进而模拟全球变暖每升高1 ℃所产生的不同来水条件，推求河湖系统演变过程，从而实现更加精细的演变模拟仿真。

参考文献

[1] 鲁安新,姚檀栋,王丽红,刘时银,郭治龙. 青藏高原典型冰川和湖泊变化遥感研究[J]. 冰川冻土,2005,(06):783-792.

[2] G Zhang,T Yao,H Xie,K Zhang,F Zhu. Lakes' state and abundance across the Tibetan Plateau[J]. Chinese Science Bulletin,2014,59(24):3010-3021.

[3] G Zhang,W Luo,W Chen,G Zheng. A robust but variable lake expansion on the Tibetan Plateau[J]. Science Bulletin,2019,64(18):1306-1309.

[4] 王光谦,方红卫,倪广恒,阳坤,程春田,李万红. 大江大河源区河网结构与径流特性研究前沿和重要基础科学问题[J]. 中国科学基金,2016,(01):27-33.

[5] 张国庆. 青藏高原大于 1 平方公里湖泊数据集(V3.0)(1970s-2021)[DS]. 时空三极环境大数据平台,2019.

[6] Y Li,F Su,D Chen,Q Tang. Atmospheric water transport to the endorheic Tibetan plateau and its effect on the hydrological status in the region[J]. Journal of Geophysical Research: Atmospheres, 2019, 124 (23): 12864-12881.

[7] 王苏民,窦鸿身,陈克造,汪宪栀,姜加虎. 中国湖泊志[M]. 北京:科学出版社,1998.

[8] 李世杰. 青藏高原现代湖泊变化与考察初步报告[J]. 湖泊科学,1998,10(4):95-96.

[9] 朱立平,张国庆,杨瑞敏,刘翀,阳坤,乔宝晋,et al. 青藏高原最近 40 年湖泊变化的主要表现与发展趋势[J]. 中国科学院院刊,2019,34(11):1254-1263.

[10] 闫立娟,郑绵平,魏乐军. 近 40 年来青藏高原湖泊变迁及其对气候变化的响应[J]. 地学前缘,2016,23(04):310-323.

[11] K Yang,F Yao,J Wang,J Luo,Z Shen,C Wang. Recent dynamics of alpine lakes on the endorheic Changtang Plateau from multi-mission satellite data[J]. Journal of Hydrology,2017,552:633-645.

[12] 杨珂含,姚方方,董迪,董文,骆剑承. 青藏高原湖泊面积动态监测[J]. 地球信息科学学报,2017,19(07):972-982.

[13] 张国庆．青藏高原湖泊变化遥感监测及其对气候变化的响应研究进展[J]．地理科学进展，2018，37(2)：214-223.

[14] G Zhang，Y Ran，W Wan，W Luo，W Chen，F Xu，et al. 100 years of lake evolution over the Qinghai - Tibet Plateau[J]. Earth System Science Data，2021，13(8)：3951-3966.

[15] J Zhang，Q Hu，Y Li，H Li，J Li. Area，lake-level and volume variations of typical lakes on the Tibetan Plateau and their response to climate change，1972 - 2019[J]. Geo-spatial Information Science，2021，24(3)：458-473.

[16] 李蒙，严登华，刘少华，秦天玲，廖丽莎．近 40 年来纳木错水面面积及蓄水量变化特征[J]．水电能源科学，2017，35(02)：41-43＋52.

[17] G Zhang，T Yao，H Xie，et al. Response of Tibetan Plateau lakes to climate change：Trends，patterns，and mechanisms[J]. Earth-Science Reviews，2020，208：103269.

[18] J Cheng，C Song，K Liu，et al. Satellite and UAV-based remote sensing for assessing the flooding risk from Tibetan lake expansion and optimizing the village relocation site[J]. Science of The Total Environment，2022，802：149928.

[19] B Qiao，L Zhu，J Wang，et al. Estimation of lake water storage and changes based on bathymetric data and altimetry data and the association with climate change in the central Tibetan Plateau[J]. Journal of Hydrology，2019，578：124052.

[20] 闫强，廖静娟，沈国状．近 40 年乌兰乌拉湖变化的遥感分析与水文模型模拟[J]．国土资源遥感，2014，26(01)：152-157.

[21] 刘宝康，李林，杜玉娥，等．青藏高原可可西里卓乃湖溃堤成因及其影响分析[J]．冰川冻土，2016，38(02)：305-311.

[22] L Jiang，K Nielsen，O B Andersen，P Bauer-Gottwein. Monitoring recent lake level variations on the Tibetan Plateau using CryoSat-2 SARIn mode data[J]. Journal of Hydrology，2017，544：109-124.

[23] 梅泽宇．气候变化条件下可可西里湖泊群变化特征研究[D]．武汉：长江科学院，2019.

[24] M T Anees，K Abdullah，M N M Nawawi，et al. Numerical modeling techniques for flood analysis[J]. Journal of African Earth Sciences，2016，124：478-486.

[25] 周祖昊，刘扬李，李玉庆，等．基于水热耦合的青藏高原分布式水文模

型——I."积雪-土壤-砂砾石层"连续体水热耦合模拟[J]. 水科学进展，2021,32(01)：20-32.

[26] 刘扬李，周祖昊，刘佳嘉，等. 基于水热耦合的青藏高原分布式水文模型——Ⅱ.考虑冰川和冻土的尼洋河流域水循环过程模拟[J]. 水科学进展，2021,32(02)：201-210.

[27] 米玛次仁，顿玉多吉，次旦央宗. 基于 HBV 水文模型的青藏高原卡鲁雄曲流域径流预报[J]. 西藏科技，2019,(08)：60-64.

[28] 李婉秋，王伟，章传银，文汉江，钟玉龙. 利用 Forward-Modeling 方法反演青藏高原水储量变化[J]. 武汉大学学报（信息科学版），2020,45(01)：141-149.

[29] 陈曦. 高原寒区水文模型参数率定及应用[D]. 北京：清华大学，2018.

[30] 周一飞，陈慧颖，张淑兰，黄永梅. 基于 SWIM 模型模拟气候变化对青海湖布哈河流域水文过程的影响[J]. 北京师范大学学报（自然科学版），2017,53(02)：208-214.

[31] F Su, L Zhang, T Ou, et al. Hydrological response to future climate changes for the major upstream river basins in the Tibetan Plateau[J]. Global and Planetary Change, 2016, 136：82-95.

[32] 李均力，盛永伟. 1976—2009 年青藏高原内陆湖泊变化的时空格局与过程[J]. 干旱区研究，2013,30(04)：571-581.

[33] Z Zhang, J Chang, C Xu, et al. The response of lake area and vegetation cover variations to climate change over the Qinghai-Tibetan Plateau during the past 30 years[J]. Science of The Total Environment, 2018, 635：443-451.

[34] 李兰. 青藏高原湖泊演化及生态环境效应研究[D]. 西安：长安大学，2021.

[35] 蒋广鑫. 基于深度学习的青藏高原湖泊面积提取及湖泊变化研究[D]. 西安：西北大学，2020.

[36] 卢洁羽. 基于多数据源的青藏高原湖泊分布变化分析[D]. 湖南湘潭：湖南科技大学，2020.

[37] W Liu, C Xie, L Zhao, et al. Rapid expansion of lakes in the endorheic basin on the Qinghai-Tibet Plateau since 2000 and its potential drivers[J]. Catena, 2021, 197：104942.

[38] F Niu, Z Lin, H Liu, J Lu. Characteristics of thermokarst lakes and their influence on permafrost in Qinghai-Tibet Plateau[J]. Geomorphology,

2011,132(3-4):222-233.

[39] 汤国安,刘学军,闾国年. 数字高程模型及地学分析的原理与方法[M]. 北京:科学出版社,2005.

[40] 李德仁,王密. 高分辨率光学卫星测绘技术综述[J]. 航天返回与遥感,2020,41(02):1-11.

[41] 聂上海,殷立琼. GPS RTK 技术在数字化地形测量上的应用实验[J]. 测绘通报,2005,(03):30-31.

[42] 靳国旺. InSAR 获取高精度 DEM 关键处理技术研究[D]. 武汉:解放军信息工程大学,2007.

[43] 李清泉,李必军,陈静. 激光雷达测量技术及其应用研究[J]. 武汉测绘科技大学学报,2000,25(5):387-392.

[44] 阳凡林,暴景阳,胡兴树. 水下地形测量[M]. 武汉:武汉大学出版社,2017.

[45] 岳林蔚. 多源多尺度 DEM 数据融合方法与应用研究[D]. 武汉:武汉大学,2017.

[46] M J Westoby,J Brasington,N F Glasser,M J Hambrey,J M Reynolds. Structure-from-Motion photogrammetry: A low-cost, effective tool for geoscience applications[J]. Geomorphology,2012,179:300-314.

[47] 李振洪,李鹏,丁咚,王厚杰. 全球高分辨率数字高程模型研究进展与展望[J]. 武汉大学学报(信息科学版),2018,43(12):1927-1942.

[48] 唐新明,李世金,李涛,等. 全球数字高程产品概述[J]. 遥感学报,2021,25(01):167-181.

[49] 石硕崇,周兴华,李杰,杨龙,唐秋华,刘森波. 船载水陆一体化综合测量系统研究进展[J]. 测绘通报,2019,(9):7-12.

[50] X Chu,J Yang,Y Chi,J Zhang. Dynamic puddle delineation and modeling of puddle-to-puddle filling-spilling-merging-splitting overland flow processes[J]. Water Resources Research,2013,49(6):3825-3829.

[51] J B Lindsay,I F Creed. Distinguishing actual and artefact depressions in digital elevation data[J]. Computers and Geosciences,2006,32(8):1192-1204.

[52] J B Lindsay. Efficient hybrid breaching-filling sink removal methods for flow path enforcement in digital elevation models[J]. Hydrological Processes,2016,30(6):846-857.

[53] Q Wu,H Liu,S Wang,B Yu,R Beck,K Hinkel. A localized contour tree

method for deriving geometric and topological properties of complex surface depressions based on high-resolution topographical data[J]. International Journal of Geographical Information Science, 2015, 29 (12): 2041-2060.

[54] Q Wu,C R Lane,L Wang,M K Vanderhoof,J R Christensen,H Liu. Efficient Delineation of Nested Depression Hierarchy in Digital Elevation Models for Hydrological Analysis Using Level-Set Method[J]. JAWRA Journal of the American Water Resources Association, 2018, 55 (2): 354-368.

[55] R Barnes,K L Callaghan,A D Wickert. Computing water flow through complex landscapes,Part 2: Finding hierarchies in depressions and morphological segmentations[J]. Earth Surface Dynamics,2020,8: 431-445.

[56] R Barnes,K L Callaghan,A D Wickert. Computing water flow through complex landscapes,Part 3: Fill-Spill-Merge: Flow routing in depression hierarchies[J]. Earth Surface Dynamics,2021,9: 105-121.

[57] D G Tarboton,R L Bras,I Rodriguez-Iturbe. On the extraction of channel networks from digital elevation data[J]. Hydrological Processes,1991,5 (1): 81-100.

[58] E R Vivoni,G Mascaro,S Mniszewski,et al. Real-world hydrologic assessment of a fully-distributed hydrological model in a parallel computing environment[J]. Journal of Hydrology,2011,409(1-2): 483-496.

[59] A Åkesson,A Wörman. Stage-dependent hydraulic and hydromorphologic properties in stream networks translated into response functions of compartmental models[J]. Journal of Hydrology,2012,420-421: 25-36.

[60] T Wu,J Li,T Li,B Sivakumar,G Zhang,G Wang. High-efficient extraction of drainage networks from digital elevation models constrained by enhanced flow enforcement from known river maps[J]. Geomorphology, 2019,340: 184-201.

[61] F C Persendt,C Gomez. Assessment of drainage network extractions in a low-relief area of the Cuvelai Basin (Namibia) from multiple sources: LiDAR,topographic maps,and digital aerial orthophotographs[J]. Geomorphology,2016,260: 32-50.

[62] K L Meierdiercks,J A Smith,M L Baeck,A J Miller. Analyses of Urban Drainage Network Structure and its Impact on Hydrologic Response1[J].

JAWRA Journal of the American Water Resources Association,2010,46(5):932-943.

[63] S E Clarke,K M Burnett,D J Miller. Modeling streams and hydrogeomorphic attributes in Oregon from digital and field data[J]. Journal of the American Water Resources Association,2008,44(2):459-477.

[64] S K Poppenga,D B Gesch,B B Worstell. Hydrography Change Detection: The Usefulness of Surface Channels Derived From LiDAR DEMs for Updating Mapped Hydrography[J]. Journal of the American Water Resources Association,2013,49(2):371-389.

[65] K Woodrow,J B Lindsay,A A Berg. Evaluating DEM conditioning techniques,elevation source data,and grid resolution for field-scale hydrological parameter extraction [J]. Journal of Hydrology, 2016, 540: 1022-1029.

[66] D G Tarboton. A new method for the determination of flow directions and upslope areas in grid digital elevation models[J]. Water Resources Research,1997,33(2):309-319.

[67] M Metz,H Mitasova,R S Harmon. Efficient extraction of drainage networks from massive, radar-based elevation models with least cost path search[J]. Hydrology and Earth System Sciences,2011,15(2):667-678.

[68] R Bai,T j Li,Y f Huang,J Q Li,G Q Wang. An efficient and comprehensive method for drainage network extraction from DEM with billions of pixels using a size-balanced binary search tree[J]. Geomorphology,2015,238:56-67.

[69] J F O'Callaghan,D M Mark. The extraction of drainage networks from digital elevation data[J]. Computer Vision,Graphics,and Image Processing,1984,28(3):323-344.

[70] S K Jenson,J O Domingue. Extracting topographic structure from digital elevation data for geographic information system analysis[J]. Photogrammetric Engineering and Remote Sensing,1988,54(11):1593-1600.

[71] G D Duke,S W Kienzle,D L Johnson,J M Byrne. Incorporating ancillary data to refine anthropogenically modified overland flow paths[J]. Hydrological Processes,2006,20(8):1827-1843.

[72] J Fairfield,P Leymarie. Drainage networks from grid digital elevation models[J]. Water Resources Research,1991,27(5):709-717.

[73] M C Costa-Cabral, S J Burges. Digital elevation model networks (DEMON): A model of flow over hillslopes for computation of contributing and dispersal areas [J]. Water Resources Research, 1994, 30 (6): 1681-1692.

[74] L Wu, D M Wang, Y Zhang. Research on the algorithms of the fLow direction determination in ditches extraction based on grid DEM[J]. Journal of Image and Graphics, 2006, (07): 998-1003.

[75] Y Yan, J Tang, P Pilesjö. A combined algorithm for automated drainage network extraction from digital elevation models [J]. Hydrological Processes, 2018, 32(10): 1322-1333.

[76] 卢庆辉,熊礼阳,蒋如乔,巫晓玲,段家朕. 一种融合 Priority-Flood 算法与 D8 算法特点的河网提取方法[J]. 地理与地理信息科学,2017,(04): 2+44-50.

[77] L Wang, H Liu. An efficient method for identifying and filling surface depressions in digital elevation models for hydrologic analysis and modelling [J]. International Journal of Geographical Information Science, 2006, 20 (2): 193-213.

[78] R Barnes, C Lehman, D Mulla. Priority-flood: An optimal depression-filling and watershed-labeling algorithm for digital elevation models [J]. Computers & Geosciences, 2014, 62: 117-127.

[79] 黄玲,黄金良. 基于地表校正和河道烧录方法的河网提取[J]. 地球信息科学学报,2012,14(02): 33-40.

[80] 李天昊,王侃,程军蕊,杨雪玲,张招招,韩世豪. 基于轮廓不同的 DEM 对宁波市姚江流域平原河网的提取研究[J]. 水土保持通报,2017,37(04): 172-177+184.

[81] 宋晓猛,张建云,占车生,刘九夫. 基于 DEM 的数字流域特征提取研究进展[J]. 地理科学进展,2013,(01): 32-41.

[82] M F Hutchinson. A new procedure for gridding elevation and stream line data with automatic removal of spurious pits[J]. Journal of Hydrology, 1989, 106(3-4): 211-232.

[83] B J H Verwer, P W Verbeek, S T Dekker. An efficient uniform cost algorithm applied to distance transforms[J]. IEEE transactions on pattern analysis and machine intelligence, 1989, 11(4): 425-429.

[84] F Meyer. Topographic distance and watershed lines[J]. Signal Process-

ing,1994,38(1):113-125.

[85] G Bertrand. On topological watersheds[J]. Journal of Mathematical Imaging and Vision,2005,22(2-3):217-230.

[86] L Ikonen. Priority pixel queue algorithm for geodesic distance transforms [J]. Image and Vision Computing,2007,25(10):1520-1529.

[87] V Mäkinen,J Oksanen,T Sarjakoski. Automatic determination of stream networks from DEMs by using road network data to locate culverts[J]. International Journal of Geographical Information Science,2018,33(2):291-313.

[88] 黄玲,黄金良. 基于地表校正和河道烧录方法的河网提取[J]. 地球信息科学学报,2012,14(02):171-178.

[89] 黄春龙,邢立新,韩冬. 基于纹理特征的水系信息提取[J]. 吉林大学学报(地球科学版),2008,38(S1):226-228+250.

[90] 许捍卫,何江,佘远见. 基于DEM与遥感信息的秦淮河流域数字水系提取方法[J]. 河海大学学报(自然科学版),2008,(04):15-19.

[91] 崔鹏,贾洋,苏凤环,葛永刚,陈晓清,邹强. 青藏高原自然灾害发育现状与未来关注的科学问题[J]. 中国科学院院刊,2017,32(9):985-992.

[92] 刘刚,燕云鹏,刘建宇. 青藏高原西部地质灾害分布特征及背景分析[J]. 中国地质调查,2017,4(3):37-45.

[93] 崔鹏,陈容,向灵芝,苏凤环. 气候变暖背景下青藏高原山地灾害及其风险分析[J]. 气候变化研究进展,2014,10(2):103-109.

[94] J J Liu,Z L Cheng,P C Su. The relationship between air temperature fluctuation and Glacial Lake Outburst Floods in Tibet,China[J]. Quaternary International,2014,321:78-87.

[95] 刘文惠,谢昌卫,王武,张钰鑫,杨贵前,刘广岳. 青藏高原可可西里盐湖水位上涨趋势及溃决风险分析[J]. 冰川冻土,2019,41(06):1467-1474.

[96] 谢昌卫,张钰鑫,刘文惠,等. 可可西里卓乃湖溃决后湖区环境变化及盐湖可能的溃决方式. 冰川冻土,2020,42(04):1344-1352.

[97] S Wang,Y Che,M Xinggang. Integrated risk assessment of glacier lake outburst flood (GLOF) disaster over the Qinghai - Tibetan Plateau (QTP)[J]. Landslides,2020,17(12):2849-2863.

[98] J Liu,C Tang,Z Cheng. The two main mechanisms of Glacier Lake Outburst Flood in Tibet,China[J]. Journal of Mountain Science,2013,10(2):239-248.

[99] P Lu,J Han,Z Li,et al. Lake outburst accelerated permafrost degradation on Qinghai-Tibet Plateau[J]. Remote Sensing of Environment,2020,249：112011.

[100] W Liu,C Xie,L Zhao,et al. Dynamic changes in lakes in the Hoh Xil region before and after the 2011 outburst of Zonag Lake[J]. Journal of Mountain Science,2019,16(5)：1098-1110.

[101] 姚晓军,孙美平,宫鹏,等. 可可西里盐湖湖水外溢可能性初探[J]. 地理学报,2016,(09)：50-57.

[102] 宁津生,姚宜斌,张小红. 全球导航卫星系统发展综述[J]. 导航定位学报,2013,1(01)：3-8.

[103] 邵搏,耿永超,丁群,吴显兵. 国际星基增强系统综述[J]. 现代导航,2017,8(03)：157-161.

[104] R Leandro,H Landau,M Nitschke,et al. RTX positioning：The next generation of cm-accurate real-time GNSS positioning[C]// The 24th international technical meeting of the satellite division of the Institute of Navigation (ION GNSS 2011),Portland,Oregon,20-23 Sep. 2011,Proceedings of the ION GNSS 2011,2011：1460-1475.

[105] A Ochałek,W Niewiem,E Puniach,P ćwiąkała. Accuracy Evaluation of Real-Time GNSS Precision Positioning with RTX Trimble Technology [J]. Civil and Environmental Engineering Reports,2018,28(4)：49-61.

[106] J Carballido del Rey,J Agüera Vega,M Pérez-Ruiz,L Emmi. Comparison of Positional Accuracy betweenRTK and RTX GNSS Based on the Autonomous Agricultural Vehicles under Field Conditions[J]. Applied Engineering in Agriculture,2014：361-366.

[107] 王佩军,徐亚明. 摄影测量学[M]. 武汉：武汉大学出版社,2016.

[108] 曹彬才,邱振戈,朱述龙,涂辛茹,曹芳,曹斌. 高分辨率卫星立体双介质浅水水深测量方法[J]. 测绘学报,2016,45(8)：952-963.

[109] C S Fraser,S Cronk. A hybrid measurement approach for close-range photogrammetry[J]. ISPRS journal of photogrammetry and remote sensing,2009,64(3)：328-333.

[110] S Wang, Z Ren, C Wu, et al. DEM generation from Worldview-2 stereo imagery and vertical accuracy assessment for its application in active tectonics[J]. Geomorphology, 2019, 336：107-118.

[111] 袁修孝，汪韬阳. CBERS-02B 卫星遥感影像的区域网平差[J]. 遥感学

报，2012，16(2)：310-324.

[112] J Dolloff，H Theiss. Temporal correlation of metadata errors for commercial satellite images：Representation and effects on stereo extraction accuracy[J]. International Archives of the Photogrammetry，Remote Sensing and Spatial Information Sciences，2012，39：B1.

[113] 王建荣，王任享，胡莘. 光学摄影测量卫星发展[J]. 航天返回与遥感，2020，41(02)：12-16.

[114] D Massonnet，K L Feigl. Radar interferometry and its application to changes in the Earth's surface[J]. Reviews of geophysics，1998，36(4)：441-500.

[115] M Eineder，J Holzner. Interferometric DEMs in alpine terrain-limits and options for ERS and SRTM[C]// IEEE 2000 International Geoscience and Remote Sensing Symposium Taking the Pulse of the Planet：The Role of Remote Sensing in Managing the Environment Proceedings (Cat No00CH37120)，Honolulu，HI，USA，24-28. July. 2000，Proceedings of the IGARSS 2000，2000：3210-3212.

[116] P Rizzoli，M Martone，C Gonzalez，et al. Generation and performance assessment of the global TanDEM-X digital elevation model[J]. ISPRS Journal of Photogrammetry and Remote Sensing，2017，132：119-139.

[117] N A Matthews. Aerial and close-range photogrammetric technology：providing resource documentation，interpretation，and preservation[J]. US Department of the Interior，Bureau of Land Management，National，2008.

[118] S Ullman. The interpretation of structure from motion[J]. Proceedings of the Royal Society of London Series B，Containing papers of a Biological character Royal Society (Great Britain)，1979，203(1153)：405-426.

[119] O Özyeşil，V Voroninski，R Basri，A Singer. A survey of structure from motion[J]. Acta Numerica，2017，26：305-364.

[120] D G Lowe. Distinctive image features from scale-invariant keypoints[J]. International Journal of Computer Vision，2004，60(2)：91-110.

[121] H Bay，A Ess，T Tuytelaars，L Van Gool. Speeded-Up Robust Features (SURF)[J]. Computer Vision and Image Understanding，2008，110(3)：346-359.

[122] K Ni，F Dellaert. HyperSfM，in：2012 Second International Conference

on 3D Imaging, Modeling, Processing, Visualization & Transmission, Zurich, Switzerland, 13-15 Oct. 2012[C]//Proceedings of the IEEE, 2012: 144-151.
[123] N Snavely, S M Seitz, R Szeliski. Modeling the world from Internet photo collections[J]. International Journal of Computer Vision, 2008, 80(2): 189-210.
[124] M R James, S Robson. Straightforward reconstruction of 3D surfaces and topography with a camera: Accuracy and geoscience application[J]. J Geophys Res-Earth, 2012, 117(F3): 1-17.
[125] M A Fonstad, J T Dietrich, B C Courville, J L Jensen, P E Carbonneau. Topographic structure from motion: a new development in photogrammetric measurement[J]. Earth Surface Processes and Landforms, 2013, 38(4): 421-430.
[126] J L Carrivick, M W Smith, D J Quincey. Structure from Motion in the Geosciences[M]. New Jersey: Wiley Blackwell, 2016.
[127] J Torres, G Arroyo, C Romo, J De Haro. 3D Digitization using Structure from Motion[C]//CEIG - Spanish Computer Graphics Conference. Jaén, Spain. 2012.
[128] P Tarolli. High-resolution topography for understanding Earth surface processes: Opportunities and challenges[J]. Geomorphology, 2014, 216: 295-312.
[129] J Brasington, D Vericat, I Rychkov. Modeling river bed morphology, roughness, and surface sedimentology using high resolution terrestrial laser scanning[J]. Water Resources Research, 2012, 48(11).
[130] M Church. Refocusing geomorphology: Field work in four acts[J]. Geomorphology, 2013, 200: 184-192.
[131] E Wohl, P R Bierman, D R Montgomery. Earth's dynamic surface: A perspective on the past 50 years in geomorphology[J]. The Web of Geological Sciences: Advances, Impacts, and Interactions II. 2017.
[132] P Passalacqua, P Belmont, D M Staley, et al. Analyzing high resolution topography for advancing the understanding of mass and energy transfer through landscapes: A review[J]. Earth-Science Reviews, 2015, 148: 174-193.
[133] T Chu, K E Lindenschmidt. Comparison and validation of digital eleva-

tion models derived from InSAR for a flat inland delta in the high latitudes of Northern Canada[J]. Canadian Journal of Remote Sensing, 2017,43(2): 109-123.

[134] N Robinson, J Regetz, R P Guralnick. EarthEnv-DEM90: A nearly-global, void-free, multi-scale smoothed, 90m digital elevation model from fused ASTER and SRTM data[J]. ISPRS Journal of Photogrammetry and Remote Sensing, 2014, 87: 57-67.

[135] P D Bates, J C Neal, D Alsdorf, G J P Schumann. Observing global surface water flood dynamics[J]. The Earth's Hydrological Cycle, 2013: 839-852.

[136] T Kenward, D P Lettenmaier, E F Wood, E Fielding. Effects of digital elevation model accuracy on hydrologic predictions[J]. Remote Sensing of Environment, 2000, 74(3): 432-444.

[137] J Gardelle, E Berthier, Y Arnaud. Slight mass gain of Karakoram glaciers in the early twenty-first century[J]. Nature geoscience, 2012, 5(5): 322-325.

[138] C H Grohmann. Evaluation of TanDEM-X DEMs on selected Brazilian sites [J]//Comparison with SRTM, ASTER GDEM and ALOS AW3D30. Remote Sensing of Environment, 2018, 212: 121-133.

[139] D Yamazaki, D Ikeshima, R Tawatari, et al. A high-accuracy map of global terrain elevations[J]. Geophysical Research Letters, 2017, 44(11): 5844-5853.

[140] F E O'Loughlin, R C Paiva, M Durand, D Alsdorf, P Bates. A multi-sensor approach towards a global vegetation corrected SRTM DEM product [J]. Remote Sensing of Environment, 2016, 182: 49-59.

[141] 程鹏飞，文汉江，成英燕，王华. 2000 国家大地坐标系椭球参数与 GRS 80 和 WGS 84 的比较[J]. 测绘学报，2009，38(3)：5-10.

[142] 魏子卿. 2000 中国大地坐标系及其与 WGS84 的比较[J]. 大地测量与地球动力学，2008，(05)：1-5.

[143] 赵宗泽. 基于数学形态学的机载 LiDAR 点云建筑物区域提取[D]. 武汉：武汉大学，2016.

[144] P Soille, L Vincent. Determining watersheds in digital pictures via flooding simulations[C]//Visual Communications and Image Processing '90: Fifth in a Series, Lausanne, Switzerland, 1st Sep. 1990, Proceedings of

the SPIE,1990: 240-250.

[145] P J Soille,M M Ansoult. Automated basin delineation from digital elevation models using mathematical morphology[J]. Signal Processing, 1990,20(2): 171-182.

[146] P Soille. Generalized geodesy via geodesic time[J]. Pattern Recognition Letters,1994,15(12): 1235-1240.

[147] L W Martz,E d Jong. CATCH: A FORTRAN program for measuring catchment area from digital elevation models[J]. Computers and Geosciences,1988,14(5): 627-640.

[148] G Zhou,Z Sun,S Fu. An efficient variant of the Priority-Flood algorithm for filling depressions in raster digital elevation models[J]. Computers & Geosciences,2016,90: 87-96.

[149] J Wang,C Song,J T Reager,et al. Recent global decline in endorheic basin water storages[J]. Nature Geoscience,2018,11: 926 932.

[150] 王海洁. 农田排水沟连接度对氮磷输出的影响及其景观格局效应评价[D]. 南京: 南京农业大学,2016.

[151] G D Duke,S W Kienzle,D L Johnson,J M Byrne. Improving overland flow routing by incorporating ancillary road data into digital elevation models[J]. Journal of Spatial Hydrology,2003,3(2): 1-27.

[152] C P Barber,A Shortridge. Lidar Elevation Data for Surface Hydrologic Modeling: Resolution and Representation Issues[J]. Cartography and Geographic Information Science,2005,32(4): 401-410.

[153] J E Bresenham. Algorithm for computer control of a digital plotter[J]. IBM Systems Journal,1965,4(1): 25-30.

[154] G P O Reddy,N Kumar,N Sahu,S K Singh. Evaluation of automatic drainage extraction thresholds using ASTER GDEM and Cartosat-1 DEM: A case study from basaltic terrain of Central India[J]. The Egyptian Journal of Remote Sensing and Space Science,2018,21(1): 95-104.

[155] 杜玉娥,刘宝康,贺卫国,段水强,侯扶江,王宗礼. 1976—2017 年青藏高原可可西里盐湖面积动态变化及成因分析[J]. 冰川冻土,2018,40(01): 47-54.

[156] 张国庆. 青藏高原湖泊变化遥感监测及其对气候变化的响应研究进展[J]. 地理科学进展,2018,(02): 44-53.

[157] M W Smith,J L Carrivick,J Hooke,M J Kirkby. Reconstructing flash

flood magnitudes using 'Structure-from-Motion': A rapid assessment tool[J]. Journal of Hydrology,2014,519: 1914-1927.

[158] O Wigmore,B Mark. Monitoring tropical debris-covered glacier dynamics from high-resolution unmanned aerial vehicle photogrammetry,Cordillera Blanca,Peru[J]. The Cryosphere,2017,11(6): 2463-2480.

[159] 白宇明,王训练,杨立超,王振涛,叶传永. 青海可可西里东北部多秀湖和盐湖水化学特征研究[J]. 盐湖研究,2018,(02): 31-37.

[160] T M I Sousa,A R Paz. How to evaluate the quality of coarse-resolution DEM-derived drainage networks[J]. Hydrological Processes,2017,31(19): 3379-3395.

[161] V K Rana,T M V Suryanarayana. Visual and statistical comparison of ASTER,SRTM,and Cartosat digital elevation models for watershed[J]. Journal of Geovisualization and Spatial Analysis,2019,3(2) .

[162] J B Lindsay. The practice of DEM stream burning revisited[J]. Earth Surface Processes and Landforms,2016,41(5): 658-668.

[163] A B Ariza-Villaverde,F J Jiménez-Hornero,E Gutiérrez de Ravé. Influence of DEM resolution on drainage network extraction[J]//A multifractal analysis. Geomorphology,2015,241: 243-254.

[164] D Gatziolis,J S Fried. Adding Gaussian noise to inaccurate digital elevation models improves spatial fidelity of derived drainage networks[J]. Water Resources Research,2004,40(2): 1-13.

[165] A N Strahler. Quantitative analysis of watershed geomorphology[J]. Eos Transactions American Geophysical Union,1957,38(6): 913-920.

[166] Y Yan,W Lidberg,D E Tenenbaum,P Pilesjö. The accuracy of drainage network delineation as a function of environmental factors: A case study in Central and Northern Sweden[J]. Hydrological Processes,2020,34: 5489-5504.

[167] X Wang,Z Yin. A comparison of drainage networks derived from digital elevation models at two scales. Journal of Hydrology,1998,210(1): 221-241.

[168] Z Yin,X Wang. A cross-scale comparison of drainage basin characteristics derived from digital elevation models[J]. Earth Surface Processes and Landforms,1999,24(6): 557-562.

[169] A R d Paz,W Collischonn,A Risso,C A B Mendes. Errors in river

lengths derived from raster digital elevation models[J]. Computers & Geosciences,2008,34(11):1584-1596.

[170] D Amatya,C Trettin,S Panda,H Ssegane. Application of LiDAR Data for Hydrologic Assessments of Low-Gradient Coastal Watershed Drainage Characteristics [J]. Journal of Geographic Information System, 2013,05(02):175-191.

[171] W Schwanghart,G Groom,N J Kuhn,G Heckrath. Flow network derivation from a high resolution DEM in a low relief,agrarian landscape [J]. Earth Surface Processes and Landforms,2013,38(13):1576-1586.

[172] P Soille,J Vogt,R Colombo. Carving and adaptive drainage enforcement of grid digital elevation models[J]. Water Resources Research,2003,39 (12):1-13.

[173] K Liu,C Song,L Ke,L Jiang,R Ma. Automatic watershed delineation in the Tibetan endorheic basin: A lake-oriented approach based on digital elevation models[J]. Geomorphology,2020,358:107127.

[174] X Li,D Long,Q Huang,P Han,F Zhao,Y Wada. High-temporal-resolution water level and storage change data sets for lakes on the Tibetan Plateau during 2000-2017 using multiple altimetric missions and Landsat-derived lake shoreline positions [J]. Earth System Science Data, 2019,11(4):1603-1627.

[175] 姚晓军,刘时银,孙美平,郭万钦,张晓. 可可西里地区库赛湖变化及湖水外溢成因[J]. 地理学报,2012,(05):115-124.

[176] 李炜. 水力计算手册[M]. 2 版. 北京:中国水利水电出版社,2006.